CARTIER TIME ART

積克・福斯特

CARTIER

MECHANICS OF PASSION

TIME ART

SKIRA

內容

卡地亞時間藝術：
機械製作的熱情

積克‧福斯特

是次展覽的鐘錶均為卡地亞在過去逾一百五十年來突破創新的成果。現今的高級製錶系列，以及近期的革命性技術創新傑作 *Cartier ID One* 概念錶，均彰顯卡地亞自二十世紀初期製作腕錶的悠久傳統，同時展示出品牌製造時鐘、懷錶和其他鐘錶的非凡技藝，這不僅是歷史傳承，更是卡地亞不可或缺的重要象徵。隨著卡地亞於1853年售出第一款腕錶後，品牌不斷製作出多款不同形狀、設計及複雜功能的鐘錶，見證卡地亞在高級製錶領域上秉持的裝飾、美學及技術造詣。

高級製錶系列在卡地亞製錶歷史中佔據著重要地位，歷年來推出無數匠心獨運的腕錶，並秉承源於二十世紀初期的設計哲學，並一直沿用至今。卡地亞設計哲學的獨特之處在於製作各式各樣的鐘錶產品時，均採納連貫統一的設計方針。綜觀卡地亞不同變化和組合的設計，品牌的鐘錶哲學始終如一，使卡地亞的設計易於識別。

「卡地亞時間藝術：機械製作的熱情」展覽是品牌有史以來公開最大規模的鐘錶展，讓大眾有機會親身體驗多元融和的設計。今次展出逾400件古董鐘錶均來自卡地亞藝術典藏系列，其中近150件屬品牌最重要的設計，而卡地亞技術、歷史及美學傳承之典範神秘鐘更首次以獨立系列亮相。此外，現今的高級製錶系列也以其非凡的視覺效果和精密複雜的工藝呈現出品牌留存至今的獨特精髓，如 *Astrorégulateur* 天體恒定重心裝置腕錶、*Astrotourbillon* 天體運轉式陀飛輪腕錶及中央計時碼錶。卡地亞的設計傳統源於裝飾派藝術時期形成的簡潔幾何圖形，並在18世紀亞洲藝術、埃及建築、動物肖像、以及1960年代波普藝術的生物形態主義的

影響下不斷發展，由此可見卡地亞不僅反映出不同時期的流行元素和鐘錶設計風格，更是領導今天高級製錶系列發展的先驅。

此外，卡地亞在不斷開創各種風格的同時，更秉持一貫的最高技術水準。卡地亞的古董和現代鐘錶均搭配各項重要的複雜功能，例如技術要求極高的神秘鐘、三問複雜功能，以至天文和日曆時計等。此次展覽帶來高級製錶系列和多件重要古董珍藏，不論是1926年「Marine Repeater」腕錶運用的船鐘報時，或是高級製錶系列中的 *Calibre de Cartier* 多時區腕錶，均反映出卡地亞打造別緻、新穎、實用鐘錶的創意巧思。

卡地亞機械鐘錶之所以能展現恆久的演繹，不僅是其精湛設計與高超技藝的成果，更是兩者相輔相成、協調融和的演繹。機械鐘錶的迷人之處除了體現於設計當中，其內部蘊藏的生命力，更彷彿與我們的生活息息相關。正因機械鐘錶的設計及其流露的神秘生命力相互融合，將卡地亞將腕錶機械製作的熱情發揮得淋漓盡致。

高級製錶的藝術工藝

卡地亞製錶廠

卡地亞製錶廠位處拉夏德芳（La Chaux-de-Fonds），是卡地亞時計設計和生產的中心，擁有最先進的技術設備。佔地逾30,000平方米的製錶廠，不僅是卡地亞的設計和生產中心，廠內同時設立維修部門，為品牌出產過的所有時計提供維修或修復服務。製錶廠劃分成超過170個範疇，其中包括機芯原型製作及生產、品質監控及客戶服務部、錶鏈及錶殼生產設備，以及維修部門。

卡地亞製錶廠於2005年首度推行「卡地亞製造」（Made in Cartier）原則，以此建立並加強廠內各部門的溝通。此組織架構確保在每枚時計的各個製作階段中，都可獲取不同專門範疇的意見。因此，每枚全新創作的卡地亞時計，均為卡地亞工程、機芯原型製作、設計、客戶服務和品質監控團隊通力合作的成果，在製造出極致精準可靠的腕錶之餘，並延續卡地亞的美學傳統。

卡地亞製錶廠位處納沙泰爾（Neuchâtel）區內的拉夏德芳（La Chaux-de-Fonds），是瑞士製錶業的中心地帶。

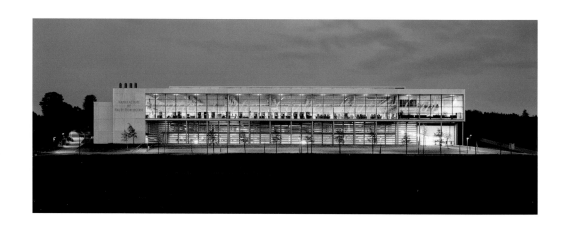

憑藉豐富的專業技術與瑞士製錶工藝的卓越傳統，卡地亞隆重呈獻高級製錶系列，每款均搭載品牌自製機芯。

卡地亞製錶廠僱有1,000多名工匠，分別
於兩大瑞士製錶業的核心地帶工作：納沙
泰爾區內的拉夏德芳和日內瓦州區內的
梅蘭（Meyrin）。

卡地亞製錶廠匯聚各個製錶工序，包括
機芯設計和研發、裝飾、組裝、調校及
最後的檢測。

製錶廠結合最頂尖的技術和傳統工藝。

卡地亞機芯設計

卡地亞時計製作是基於機芯設計的後期工序，費時較長，因為其製作目標不僅要求機芯配備完善功能，更同時讓機芯成為發揮創意的平台，使腕錶的機械性能與美學設計得以完美結合。高級製錶系列內一枚新機芯的誕生，取決於其基本功能的獨特審美觸角。創作手繪製圖是最初步的設計階段，讓設計者能深入評估整枚全新腕錶的整體效果，並在早期開始審視新機芯創作所帶來的實際難題。設計團隊將按照初稿製造出3D電腦虛擬原型圖。這些模型非常細緻，不單能夠評估機芯的靜態性能，亦能推測各個部件的功能關係。最後，團隊會製作實體模型，針對功能和美學元素作進一步的臨床測試，繼而創造真實的機芯原型。

在每個研發階段中，機芯設計會因應人體工學測試、設計團隊整體美學修飾，以至其他品質監控程序所得出的結果，不斷進行修改並測試機芯設計。機芯製作不僅反映出卡地亞製錶廠豐富的經驗，而在研發新腕錶的過程中，卡地亞亦不斷開拓嶄新視野，進一步鞏固出綜合力學和美學的核心理念，並貫徹於卡地亞各個設計過程。

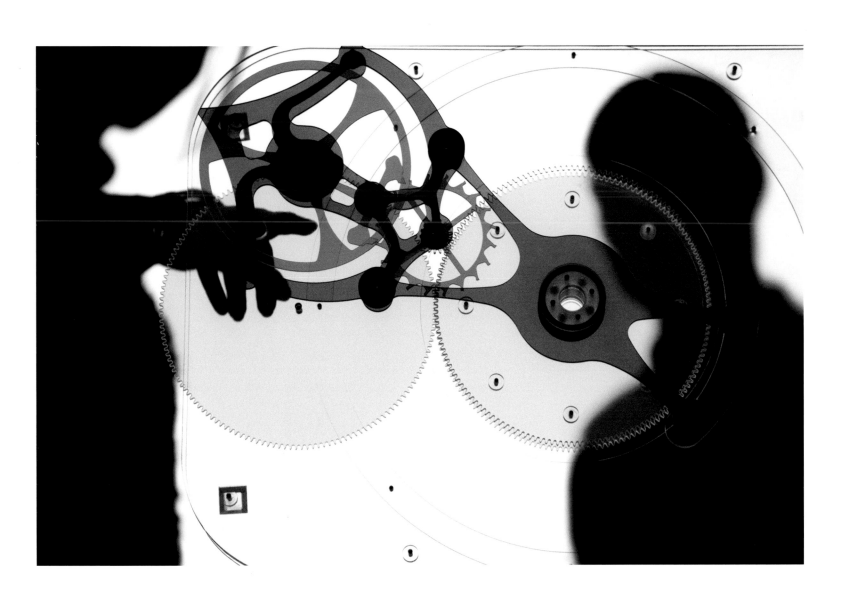

將每件鐘錶作品的平面圖製成3D繪圖。

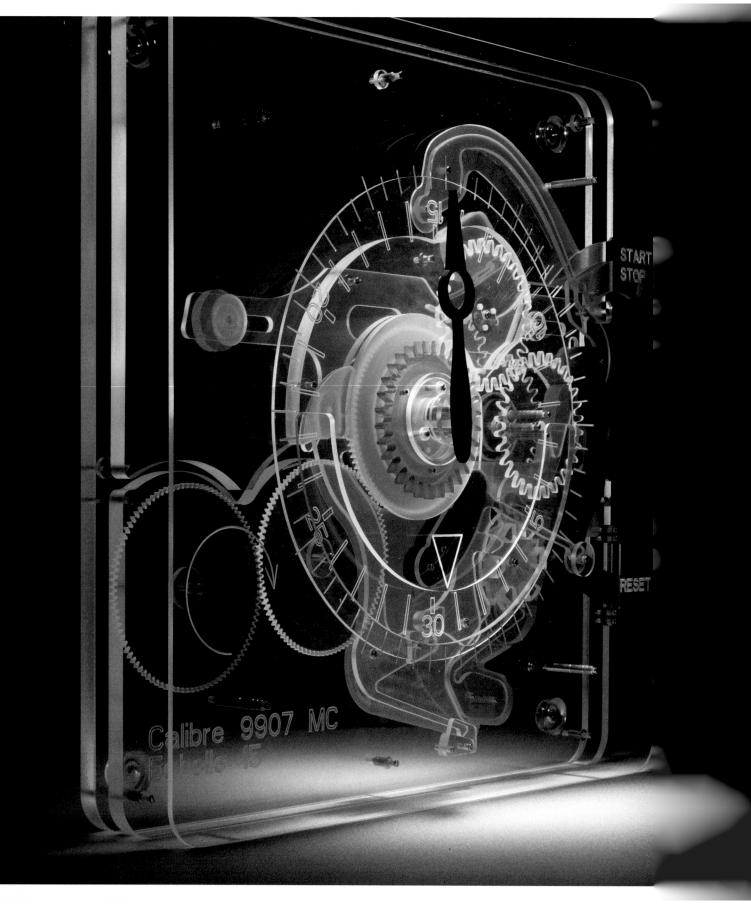

製作大型的模型以檢驗整枚機芯的功能。

工匠們為鏤空機芯的錶橋進行手工打磨
倒角及裝飾。

鏤空機芯的錶橋由一整塊材料製作而成。

機芯裝飾

機芯裝飾是印證高級腕錶製作並非純技術工藝的一項元素。機芯裝飾或機芯表面修飾均可進一步提升機芯的美感。儘管機芯裝飾有時被視為非功能性的工序，但事實上純功能和純修飾兩個範疇存在不少共通之處，而機芯修飾更是技術和工藝的延伸，讓腕錶的效能更臻完美。

儘管製錶業和腕錶匠均有著不少共通的裝飾手法，但其中不乏民族風格滲入其中，因而在悠久的製錶歷史中出現過眾多機芯修飾的方案。法瑞風格的機芯裝飾便是最為鑒賞家熟悉的一種。當中採用的技術包括機芯夾板倒角（ *anglage* ）、精鋼部件經拋光處理、為螺釘孔和寶石軸承製作錐口鑽孔，以及以平行磨砂的方式製作出日內瓦波紋（ *Côtes de Genève* ），打造出更精緻的外觀，充份展現機芯的非凡品質。

進行裝飾技術需時，且每項技術均為獨立的工藝，需要經多年訓練方能完全掌握。裝飾工序一般須使用低功耗雙目顯微鏡，而每項機芯修飾過程亦可再細分成多個階段，彰顯工匠的技藝及個人風格。

腕錶學校並沒有教授機芯夾板和錶橋的倒角工藝，但卡地亞所提供的內部裝飾培訓課程，卻不斷發展並延續這項技藝，以及其他高級腕錶的修飾技術。工匠先以銼刀切割出機芯橋板兩側的正確角度，然後再以拋光石打磨表面，去除工具所留下的痕跡。接著便是採用更細緻的研磨料打磨工具兩側，逐步呈現光滑的鏡面效果。而最後的工序便是運用精鋼拋光機，以及鑽石研磨膏作打磨。單一卡地亞機芯橋板需進行數項修飾工序，包括為寶石軸承製作錐口鑽孔、機芯兩側進行倒角、上層

使用磨光器進行手工打磨。

卡地亞機芯錶橋可見飾有日內瓦波紋
（*Côtes de Genève*），所有隱藏位置如
主夾板都以環形打磨。

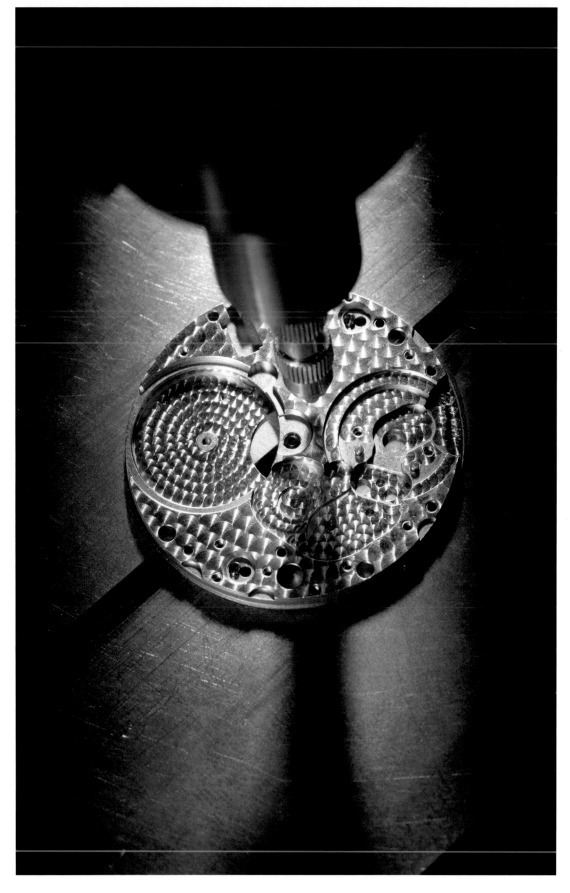

日內瓦波紋及底部鐫刻圓紋。人手製成的機芯中，單單修飾一個零件便需用上數個小時。每枚機芯不僅是製作需時的傑作，更彰顯出這種罕有裝飾藝術的傳統技藝。

為打造出呈現完美對比和亮澤度的零件，裝飾工匠為單一零件進行修飾需時可長達15小時。

運用磨光器倒角打磨錶橋，在不影響拋光
倒角的前提下輕輕銼磨邊緣，而一些部件
的表面則需鏡面拋光。

裝飾工匠進行各項精巧細緻的修飾工序。

腕錶巨匠

腕錶匠負責組裝腕錶的零件，以確保其運作持續精準可靠。然而，機械腕錶的組裝不單涉及機械工序，更需要清楚了解腕表內數百個部件的功能、相互關係，以及每個零件的機械運作。

一般的腕錶組裝就是順序裝嵌不同零件，確保功能運作正常，至於高級腕錶則更講求悉心處理。尤其處理搭載複雜機芯的腕錶時更須小心翼翼，以免損壞內部零件或影響外觀。完成組裝機芯後，各零件亦需妥善塗上潤滑油，這不單涉及嫻熟手工，更需運用各種技術。腕錶各個部分可承受的機械負荷不盡相同，故所需的潤滑油份量亦有所差異。潤滑油不足可能會令部件較易磨損，而過多潤滑油則有機會影響其他零件而妨礙操作。

製作每款腕錶均潛在不同的技術挑戰。以製作超薄腕錶為例，錶內可供裝置各零件的空間有限，指針的間隙亦非常狹窄，因此在組裝和調校時必須精確無誤。而製作複雜功能的腕錶亦有相當的難度。例如其中一款被視為製作最艱巨的複雜腕錶——三問腕錶，它實質上是一部微型機械電腦，能夠確保極複雜的敲鐘輪系與計時輪系完全一致，從而令錶盤上顯示的時間，與小時、刻鐘和分鐘報時準確配合。萬年曆的運作則依仗一系列的發條，這些發條必須調校至合適的拉力，以扣緊萬年曆的齒輪，並需避免施加過多力度，以免干擾萬年曆的運作。至於製作計時碼錶時，腕錶匠需要調校連接計時碼錶和主要運轉輪系的機械裝置，使碼錶可從主發條中獲取動力，而不會從擒縱裝置中擷取過多能量。陀飛輪是另一款最難組裝的腕錶；工匠兼顧多個組件，當中包括妥善處理框架和所有部件，以免因質量分配不均而影響計時性能。

製錶巨匠各自組裝數以百計的零件，
為鐘錶傾注生命力。

製錶工匠專用的放大鏡是了解極細緻零件不可或缺的工具。

工程師和原型製作人員合力構思蘊藏無窮潛力的腕錶，而腕錶匠則負責組裝或檢修這些設計，以確保當中的功能得以成就。卡地亞一直舉辦涵蓋甚廣的內部訓練課程，以應付每顆自製機芯的特定需求，並涉獵組裝或檢修複雜機芯所需的技術，同時提供腕錶學校課程以外的訓練，以應用於 *Rotonde de Cartier Astrotourbillon* 天體運轉式陀飛輪腕錶、*Astrorégulateur* 天體恆定重心裝置腕錶或中央計時碼錶等嶄新設計當中。

Astrotourbillon天體運轉式陀飛輪機芯的組裝和調試工序非常精細，需運用獨具匠心的專業技藝方能完成。

機芯鑲嵌寶石軸承的步驟。

每枚機芯均經過細心調校，以確保計時功能準確無誤。

品質監控

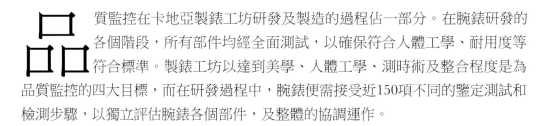

質監控在卡地亞製錶工坊研發及製造的過程佔一部分。在腕錶研發的各個階段，所有部件均經全面測試，以確保符合人體工學、耐用度等符合標準。製錶工坊以達到美學、人體工學、測時術及整合程度是為品質監控的四大目標，而在研發過程中，腕錶便需接受近150項不同的鑒定測試和檢測步驟，以獨立評估腕錶各個部件，及整體的協調運作。

抗震功能測試可分簡單及高科技方式進行測試，包括瞬間產生高達5,000克力量的急墜測試，並借助配備複雜程式的多軸機械人，模擬日常生活中腕錶有機會承受的各種力量，如拳頭撞擊桌上的動作等。每個部件均經人體工學測試，例如量度啟動計時碼錶按鈕所需的力量，以確保開始、中止及重設的操作正常，並確保操作按鈕時的觸感理想。

運用特製的高速數碼照相機（能每秒拍攝多達33,000幀照片），我們可記錄並分析擒縱裝置的運作、重設計時碼錶指針時產生的震動，以及其他部件的快速運轉。而長期運行測試則可評估計時性能和上鏈系統的最佳效能，並偵察出所有潛藏的損耗問題。錶殼、錶鏈及錶帶亦經過不同測試：錶帶和錶鏈需通過扭力、張力及磨損測試；錶殼和合金錶鏈就以光譜法進行成分分析，而硬度則可利用高壓鑽石尖壓方式進行測試。

藉著一系列的防水、磨損及腐蝕試驗可反映出錶殼的整合性。製錶廠運用特製儀器檢測防水封條內氦原子的流動（若封條或墊圈受損，直徑較短的氦原子比其他物質

進行模擬擺動手臂測試，以確保自動上
鏈機械機芯發條的上鏈功能可正常運作。

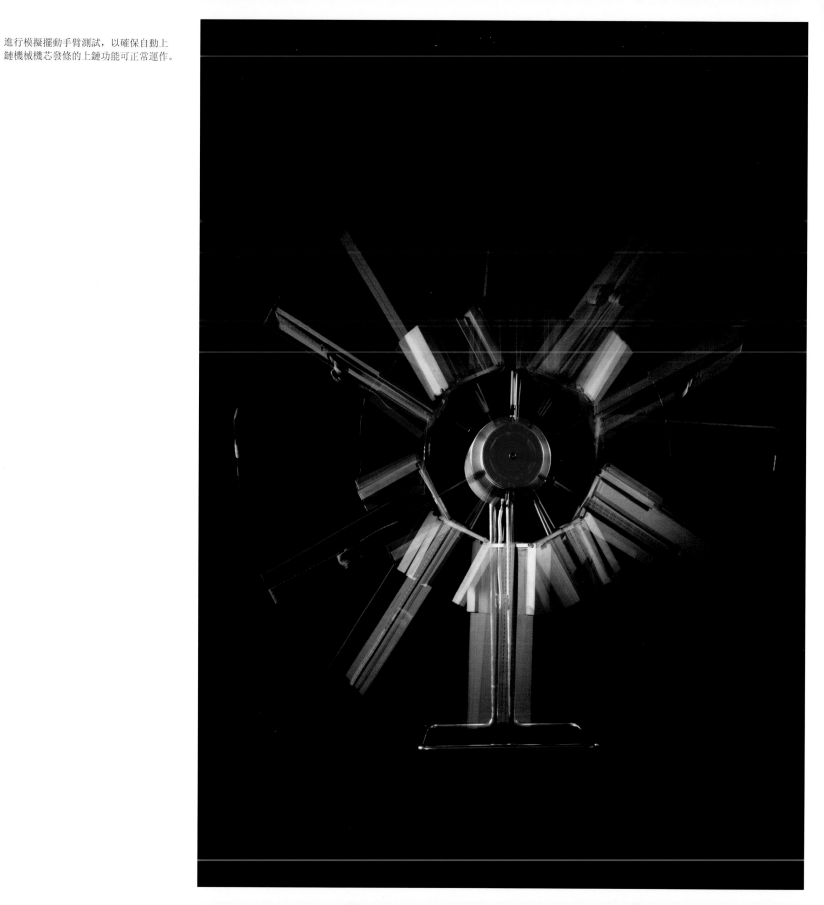

更容易滲漏），以測試防水腕錶墊圈的整合性。此外，腕錶亦會進行不同的抗腐蝕性測試，包括鹽水、酸城平衡，以及特製的人工排汗測試。

隨品質監控程序不斷提升，所得出的資料有助研發並確定腕錶的設計。每枚卡地亞腕錶均別具一格，同時也體現品牌秉持最高製錶準則的非凡成果。

在拉夏德芳的卡地亞製錶廠內，每枚鐘錶
均需在品質測試實驗室內經過嚴格檢測。

防水測試第二階段：將鐘錶置於熱金屬
板上，並於錶鏡上滴一滴冷水。如冒出
水氣，腕錶的防水功便可能出現問題。

防水測試第一階段：將鐘錶浸入10厘米深
的水中一小時。

保護和維修

卡地亞製錶廠其中一項最重要的資產是擁有眾多維修和修復的設施，處理已停止生產的卡地亞時計。卡地亞是少數堅持維修所有曾出產時計的製錶廠。品牌一直保存所需的維修設備和技術，以提供外觀及功能的維修服務。

自1853年售出首批時計以來，卡地亞不斷創作各式各樣的鐘錶，展現出非凡的裝飾技藝及高度專業的製錶技術。卡地亞有能力維修並修復每枚卡地亞時計的錶殼、錶鏈或其他機芯部件。而從19世紀中葉起，卡地亞腕錶採用過多不勝數的表面材質——玻璃、礦物晶體、各種塑膠，以及近乎所有形狀的合成藍寶石。在許多情況下，替換零件已經不存在，因此卡地亞有時甚至會重新製作所需的工具，以打造全新腕錶的玻璃和水晶錶鏡。

卡地亞亦保留了組裝各機芯部件的能力。不論是體積細小的長方形女裝腕錶機芯，或是複雜的大型時鐘機芯，維修部門的製錶匠均有能力進行維修。

除了機芯部件外，錶鏈、錶扣及錶殼部件均可進行修復或改裝（卡地亞致力滿足客戶的要求，確保在不影響功能的情況下，盡量保持各部件的原始狀態），或在有需要時更換嚴重損壞的部件，並換上外觀和功能完全相符的全新部件。此外，寶石、鑲嵌珍貴物料的部件、雕刻部分或琺瑯製品等受損或遺失的珍貴物料，亦可進行修復。

維修部門的主要工作是在有需要的情況下，保養並維修卡地亞藝術典藏系列的鐘錶。

Tank à guichets腕錶（1928年巴黎
卡地亞）及Tortue單按鈕計時碼錶
（1929年紐約卡地亞）

部分卡地亞最早期型號的鐘錶均送往
拉夏德芳的工坊內維修。

40

要維修的早期型號鐘錶，有時甚至需要重新製作某些部件和工具。

日內瓦優質印記

「日內瓦優質印記」的官方印章。

卡地亞於2008年宣佈*Ballon Bleu de Cartier*浮動式陀飛輪9452 MC型是首個獲得日內瓦優質印記的腕錶。1886年，印記於《日內瓦法則》（*Loi sur le contrôle facultatif des montres*）通過後正式成立，並由與日內瓦腕錶學校有關的獨立檢查機構刻印於鐘錶機芯之上。

按照法律規定，日內瓦製錶學校負責《日內瓦法則》的工作人員在沒有利益衝突的情況下，獲准對日內瓦市內或州內生產的機芯頒發日內瓦優質印記，而這些機芯的結構和修飾均需達到一定的品質水平。由此可見，日內瓦優質印記不僅是其優質發源地與品質保證的象徵，並只授予高級腕錶廠。日內瓦優質印記的評估準則，均與功能和裝飾相關。其中，理想的擒縱輪必須屬低慣性，以免動力流失，讓擒縱裝置得以有效運作。因此，日內瓦優質印記章程亦規定擒縱輪必須設計輕巧，大型機芯的擒縱輪厚度不得超過0.16毫米；而直徑少於18毫米的機芯，其擒縱輪則不得超過0.13毫米，並需配備拋光鎖面。此外，所有螺絲必須配備帶倒角槽和輪圈的拋光鑽頭；對運轉輪系裝飾亦有特定的要求；嚴禁於機芯使用價低質劣的鋼絲發條，並要求機芯採用價格更高昂的回火鋼發條製作。

卡地亞腕錶成功獲發日內瓦優質印記，不僅見證其卓越功能及精緻修飾，同時也是品牌非凡品質的象徵。它在展現品牌源遠流長的製錶傳統之餘，亦彰顯其機芯製作的精湛技藝與堅毅決心。

自2008年，卡地亞便躋身只有少數能獲取
「日內瓦優質印記」的鐘錶品牌之列。

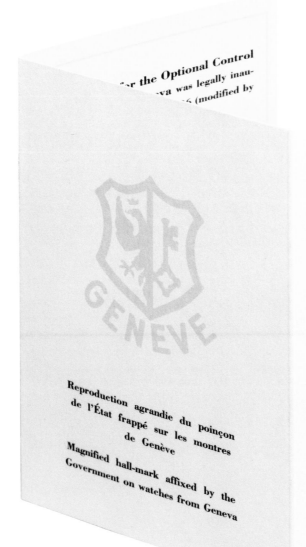

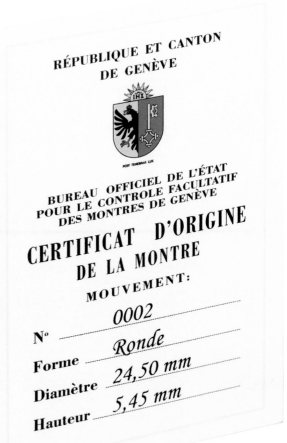

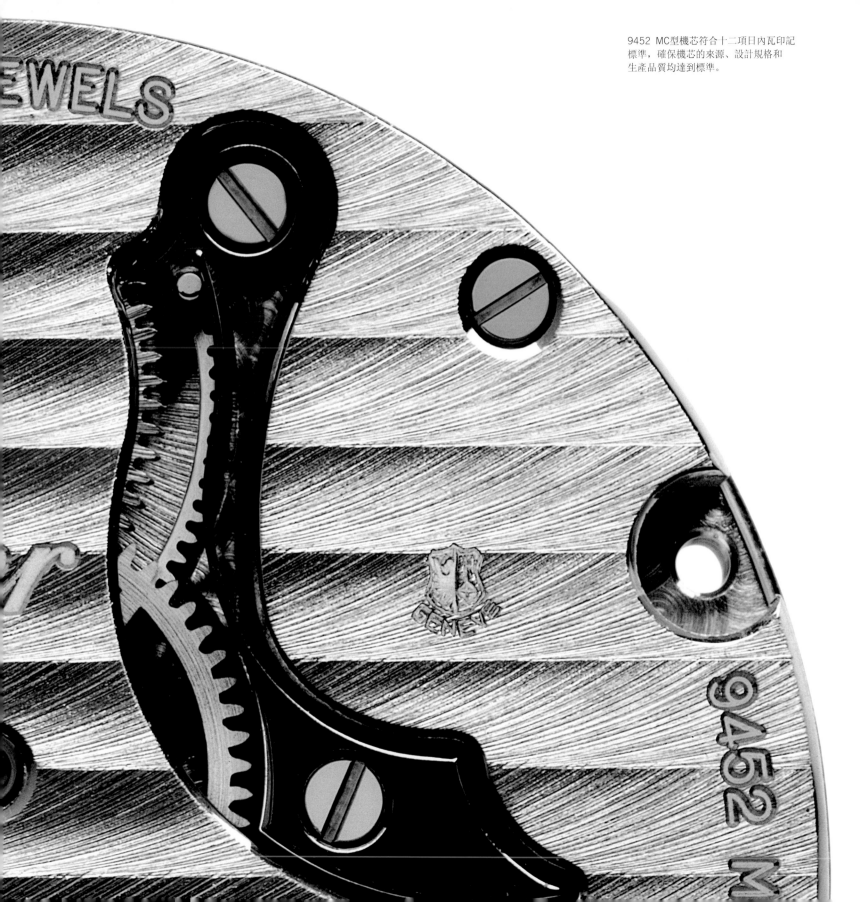

9452 MC型機芯符合十二項日內瓦印記標準，確保機芯的來源、設計規格和生產品質均達到標準。

卡地亞傳承及卡地亞典藏系列時計

引言：
卡地亞藝術典藏系列

歷 經近十年的時間，卡地亞藝術典藏系列於1983年正式面世。Robert Hocq（及後成為巴黎卡地亞總裁）於1972年經收購卡地亞的投資集團加入公司，並於1973年購置了一座由Maurice Coüet於1923年為卡地亞製作的神秘鐘（見CM 09 A23，第117頁）。

此「廟門」（Portique）神秘鐘的外形有如一道神社大門（反映出當時流行的東方藝術和工藝），頂部飾有水晶「神像」（Billiken）玩偶，這個象徵好運和正面思想能量的小雕像，在當時廣受歡迎，並於1908[1]年取得專利權（縱然神像源於美國，其設計卻在全球大熱；1912年大阪地標性建築通天閣頂層亦裝上神像）。與此同時，卡地亞藝術典藏系列正式面世，品牌著手收集並整理銷售記錄、設計圖、石膏模型及照片等眾多檔案。

時至今日，卡地亞藝術典藏系列匯集近1,400件珍品，當中包括逾400枚時計。整個系列包羅萬有，從品牌早期的腰鏈錶和項鏈錶，到1960年代風格前衛的*Crash*腕錶，以至今天仍是卡地亞設計哲學試金石的珍稀「神秘」鐘，一一見證了品牌製作鐘錶的重要歷史。是次展覽網羅卡地亞藝術典藏系列中多件重要且具歷史意義的傑作，其中包括於1973年購置、及後成為卡地亞藝術典藏系列最重要藏品之一的「廟門」神秘鐘，還有多枚腕錶、懷錶、手鏈和項鏈錶、座鐘、桌鐘和壁爐鐘，以及飾於畫框、袖扣、筆和開信刀的時計。

現代高級製錶系列集合多件經典的重要古董鐘錶，追蹤卡地亞不同時期的設計哲學：從20世紀初路易・卡地亞（Louis Cartier）帶領開始，到無數歷久彌新的

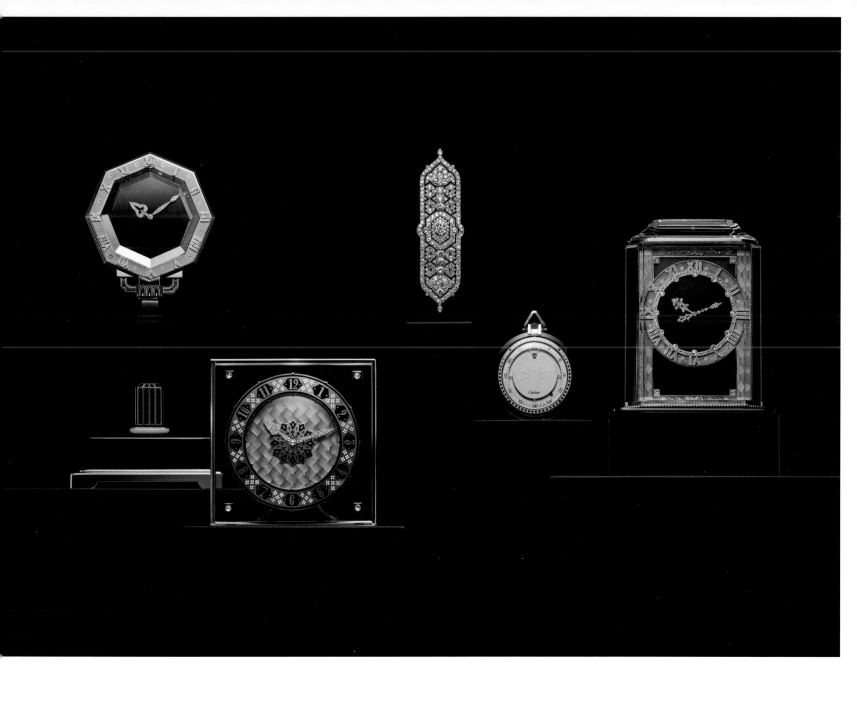

從左至右：
單軸神秘鐘（1922年巴黎卡地亞）。
支桿座鐘（1925年紐約卡地亞）。 跳時顯示懷錶，透明錶背（1929年紐約卡地亞）。
胸針（1913年巴黎卡地亞）。 「款式 A」神秘鐘（1929年卡地亞）。

從左至右：
透明錶背懷錶（1916年巴黎卡地亞）。
晝夜「彗星」時鐘（1913年巴黎卡地亞）。
「美洲豹圖案」鐘錶胸針（1915年巴黎　　取自懷錶銷售帳其中一頁。
卡地亞）。　　　　　　　　　　　　　巴黎，1874至1876年。

31 mai 74 Inventaire		30	de Genève	Homme remontoir double		1879.	30
				boîte d'or émail double (65)	280 .	" "	"
Juillet	14	31	Occasion	1 Montre ancienne Jvailleur		74 x. 20	31
				Jayon sous cristal	130 .	" "	"
Août	20	32	.	1 Montre Louis XVI		1876 "	32
				or de couleur ciselé	120 .	Juillet 8	"
"	25	33		1 Montre émail peint		74 x. 30	33
				entourage mi perles	250 .	" "	"
				betier émaillé		" "	"
Octobre	3	34	Occasion	1 Montre ancienne		75 Mars 27	34
				ciselé émaillée en		" "	"
				motifs en Jayon	200 .	" "	"
"	6	35	"	1 Montre ancienne		80 mai 31	35
				or d couleur ciselé		" "	"
				à têtes brillant		" "	"
				au poussoir aiguilles en roses	150 "	" "	"
"	"	36		1 Montre Louis XV		1876 "	36
				plaques agathe herborisé		8. 11	"
				ornements ciselé	350 .	" "	"
"	"	37		1 Montre ancienne Louis XVI		75 8. 9	37
				ciselé fond émail peint	200 .	" "	"
Novbre	21	38		1 montre 12s. répanon 18		79	38
				40½ perles à 128 - 67 rubis p. 25		x. 31	"
				73 roues 11/16 - CPS 11 roues 7/16 - NSK	317 .	" "	"
				Serti 40 écrin 15.			

設計，至今品牌仍繼續邁步向前。在整個製錶歷程中，卡地亞運用強烈鮮明的幾何形式，堅持在合適情況下將功能和美學融合為一，並於設計時加入形象和象徵元素（尤見於神秘鐘設計）。

[1] 首個「神像」玩偶由美國堪薩斯州的一名藝術老師Florence Pretz所製造並為設計取得專利。

製作*Santos*和*Tank*錶款的巴黎製錶工坊。約1927年。

環形錶盤座鐘
1907年巴黎卡地亞

金，鉑金，銀，鍍銀，琺瑯，玫瑰式切割
鑽石

*8日動力儲存圓形機芯，鍍金，15枚寶石
軸承，瑞士槓桿式擒縱系統，雙金屬平衡
擺輪，寶璣擺輪游絲。蛋形鐘體上半部分
能夠旋轉，以顯示時間。星形的鉑金時標
嵌飾玫瑰式切割鑽石。*

售予安娜・古爾德（Anna Gould）

8.10 x 6.00厘米

CCI 04 A07

琺瑯腰鏈錶
1874年巴黎卡地亞

黃金，玫瑰金，琺瑯，珍珠

圓形機芯，鍍金，圓柱形擒縱系統，
單金屬平衡擺輪，扁平擺輪游絲，
4點鐘位置設有鉸鏈式水晶，
可用於調校時間並為腕錶上鏈。

16.50 x 3.40厘米

WB 24 A1874

「Jeton」鐘錶
1908年巴黎卡地亞

18K金，藍寶石，琺瑯

LeCoultre 142圓形機芯，鍍金，
19枚寶石軸承，瑞士槓桿式擒縱系統，
雙金屬平衡擺輪，扁平擺輪游絲。

直徑5.15厘米（包括凸圓形藍寶石在內）

WPO 07 A08

Tonneau腕錶
1907年巴黎卡地亞

鉑金，金，珍珠，單面切割鑽石

*LeCoultre 10HPVM圓形機芯，鍍金，
18枚寶石軸承，瑞士槓桿式擒縱系統，
雙金屬平衡擺輪，扁平擺輪游絲。*

2.06 x 3.06厘米（錶殼）

WCL 118 A07

葉薊圖案腕錶
1912年巴黎卡地亞

鉑金，18K黃金，18K玫瑰金，玫瑰式切
割鑽石，珍珠，縞瑪瑙

*LeCoultre 9HPVMJ圓形機芯，仿日內瓦
波紋（Côtes de Genève）裝飾，鍍銠，
8項調校，18枚寶石軸承，瑞士槓桿式
擒縱系統，雙金屬平衡擺輪，寶璣擺輪
游絲。*

售予奧爾洛夫公主（Princess Orlov）

2.25 x 2.25厘米（錶殼）

WWL 02 A12

「美洲豹圖案」腕錶
1914年巴黎卡地亞

鉑金，18K玫瑰金，縞瑪瑙，玫瑰式切割
鑽石，波紋閃光錶帶

*LeCoultre圓形機芯，仿日內瓦波紋
（Côtes de Genève）裝飾，鍍銀，
18枚寶石軸承，瑞士槓桿式擒縱系統，
雙金屬平衡擺輪，扁平擺輪游絲。*

這枚是卡地亞首次運用美洲豹圖案
的圖案。

錶殼直徑2.46厘米

WWL 98 A14

Santos腕錶
1916年巴黎卡地亞

鉑金，金，藍寶石，真皮錶帶

LeCoultre 126圓形機芯，仿日內瓦波紋（Côtes de Genève）裝飾，鍍銠，8項調校，18枚寶石軸承，瑞士槓桿式擒縱系統，雙金屬平衡擺輪，寶璣擺輪游絲。

3.44 x 2.47厘米（錶殼）

WCL 88 A16

懷錶
1914年巴黎卡地亞

鉑金，縞瑪瑙

LeCoultre 139圓形機芯，仿日內瓦波紋（Côtes de Genève）裝飾，鍍銠，8項調校，18枚寶石軸承，瑞士槓桿式擒縱系統，雙金屬平衡擺輪，扁平擺輪游絲。

4.00 x 4.00厘米

WPO 28 A14

位於卡地亞和平大街精品店內的鐘錶
系列展櫃，約1920年。

由Maurice Coüet指導的位於巴黎拉斐特街
53號的卡地亞製錶工坊。
約1927年。架上可見「埃及」時鐘。
正在製作「客邁拉」神秘鐘。

「埃及」自鳴鐘
1927年巴黎卡地亞

18K金，鍍銀，珍珠母貝，紅珊瑚寶石，
祖母綠，紅玉髓，天青石，琺瑯

8日動力儲存長方形機芯，自鳴裝置
（整點和刻鐘），鍍金，嵌珠裝飾，
3項調校，15枚寶石軸承，標準擒縱
系統，雙金屬平衡擺輪，寶璣擺輪游絲。

售予布魯曼托夫人(Mrs. Blumenthal)

24.00 x 15.70 x 12.70厘米

CDB 21 A27

「客邁拉」神秘鐘彩色照相底板，神秘鐘以黃金、琺瑯、軟玉、紅珊瑚寶石、珍珠及鑽石製成，並搭載黃晶鐘盤。19世紀瑪瑙客邁拉。 巴黎，1929年。

「鯉魚」時鐘，帶飛返指針
1925年巴黎卡地亞

鉑金，18K金，青玉，黑曜石，透明水晶，珍珠母貝，珍珠，紅珊瑚寶石，祖母綠，玫瑰式切割鑽石，漆面，琺瑯

8日動力儲存長方形機芯，鍍金，飛返式時針，標準擒縱系統，雙金屬平衡擺輪，扁平擺輪游絲。由於時針不能整圈旋轉，因此在到達右邊的六點鐘位置（VI）時，就會彈回起點，因而得「飛返指針」之名。

玉鯉來自18世紀的中國。嚴格來說，這款時鐘並不是神秘鐘，而是卡地亞於1922至1931年間以動物或神話生物為主題製作的一系列共12款時鐘中的第三款，此系列部分作品的創作靈感源自路易十五座鐘和路易十六座鐘，其機芯均搭載於動物的背部。Hans Nadelhoffer筆下的卡地亞鐘錶，如「廟門」（Portique）時鐘系列，「儘管它們缺少『法貝奇復活蛋』所蘊含的標誌性意義……但這些『神秘鐘』依然會讓人們為之傾倒、著迷。在所有帶有卡地亞標誌的收藏品中，它們堪稱絕無僅有的曠世之作。」如今，此系列包含四款經典傑作：「大象」時鐘（見第118頁）、「鯉魚」時鐘、「神像」時鐘（見第121頁）以及「客邁拉」時鐘（見第123頁）。

23.00 x 23.00 x 11.00厘米

CS 11 A25

美國演員奇勒·基寶（Clark Gable）
佩戴Tank腕錶，約1950年。

魯道夫·瓦倫蒂諾（Rudolph Valentino）於
電影《酋長之子》（The Son of the Sheik）
中佩戴Tank腕錶。1926年。

Tank LC腕錶
1925年卡地亞

鉑金，白金，藍寶石，真皮錶帶

圓形機芯，鍍銠，8項調校，19枚寶石軸承，
瑞士槓桿式擒縱系統，雙金屬平衡擺輪，
扁平擺輪游絲。

3.02 x 2.34厘米（錶殼）

WCL 125 A25

取自目錄冊的其中一頁，刊載一枚鑲嵌玫瑰式切割鑽石數字、飾以水晶和縞瑪瑙的鉑金懷錶；一枚配備鬧鈴和皮錶帶的 *Tortue* 黃金腕錶，以及一枚鑲嵌長方形鑽石的方型女裝腕錶，搭配鑲嵌雕刻紅寶石、祖母綠和藍寶石的印度風格錶鏈。1930年紐約卡地亞。

Wrist watch of baguette diamonds on bracelet of diamonds and carved emeralds, rubies, and sapphires, $9900

UPPER LEFT
Crystal, onyx, and platinum pocket watch with rose diamond numerals, $890

Gold wrist watch with alarm, on leather strap with gold Cartier clasp, cabochon sapphire winder, $385

Tutti Frutti手鏈腕錶
1929年巴黎卡地亞

鉑金，7.05克拉桌形切割祖母綠
（玻璃），兩顆雕花祖母綠（共重35.33
克拉），一顆長方形雕花祖母綠，
藍寶石，紅寶石，祖母綠，長方形
切割鑽石和底座式鑲嵌鑽石

*LeCoultre 118*長方形機芯，鍍銠，8項
調校，17枚寶石軸承，瑞士槓桿式擒縱
系統，雙金屬平衡擺輪，扁平擺輪游絲。

2.15 x 2.30 x 17.50厘米（錶殼）

WWL 99 A29

為1933年腕錶袖扣申請專利的繪圖。

Fig. 1.

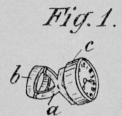

Fig. 3.   *Fig. 2.*   *Fig. 4.*

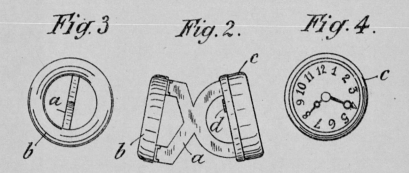

Fig. 5

為*Eclipse*腕錶及其附件申請專利的
繪圖，1910及1913年。

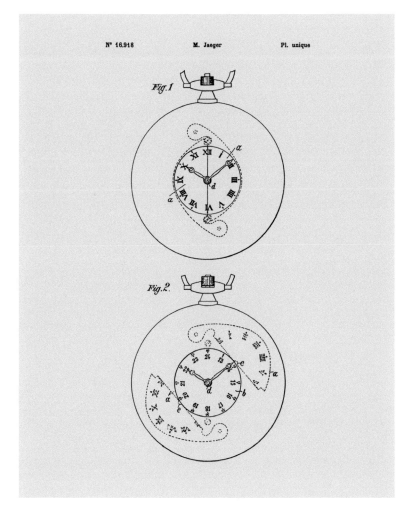

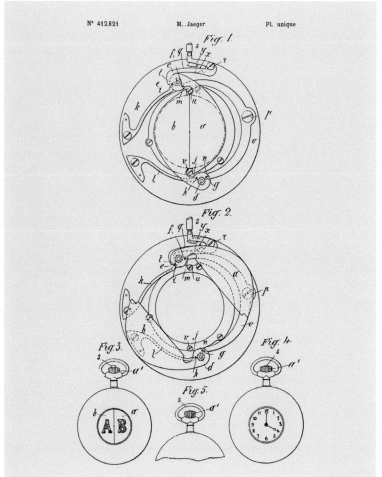

滑動長方形胸針錶，搭配手鐲
（「曼陀鈴」）
腕錶：1938年巴黎卡地亞。
手鐲：1957年巴黎卡地亞

18K黃金，18K玫瑰金

LeCoultre 403 Duoplan 長方形機芯，
鍍銠，15枚寶石軸承，瑞士槓桿式擒縱
系統，單金屬平衡擺輪，扁平擺輪游絲。

2.49 x 1.10厘米（錶殼）

WWL 31 A38

瑪琳・黛德麗（Marlene Dietrich）佩戴
卡地亞腕錶。巴黎，1938年。

法國女影星卡芙蓮・丹露（Catherine Deneuve）佩戴*Baignoire*腕錶。

1969年倫敦卡地亞廣告，展示*Tank*及*Baignoire*腕錶。

卡地亞：製錶潮流的先驅

儘管卡地亞檔案內的腕錶銷售記錄可追溯至1888年，但腕錶要到20世紀初期才逐漸普及。總體而言，20世紀前的腕錶一般搭配裝飾手鏈，專為女士而設，而男士則一律佩戴懷錶，男士在當時佩戴腕錶被視為不恰當的做法（而且不切實際：儘管製錶商於早期已有能力製作體積較小的時計，例如18世紀的戒指錶，然而這些鐘錶很多時候不大精確，在相同組件下，大機芯始終較小型機芯來得穩定）。卡地亞首枚真正的腕錶（即是以佩戴於手腕上為設計目標的鐘錶）是應艾拔圖・桑托斯・杜蒙（Alberto Santos Dumont）的要求製作。桑托斯・杜蒙是航空先鋒，駕駛輕飛行器和早期飛機。他邀請路易・卡地亞為他製作一枚可佩戴於手腕上的錶，使他的雙手不用離開航空器的操作板。這枚專為桑托斯・杜蒙而設的腕錶於1904年面世，並於1911年公開發售，取名為*Santos-Dumont*腕錶，與1904年的原型款一致。首度將錶帶整合於錶殼，並於後來卡地亞最具代表性的*Tank*系列中，進一步演化錶帶接合的概念。

*Santos-Dumont*腕錶與卡地亞原來的風格可謂大相徑庭。1904年以前，品牌僅為男士製作懷錶，而腕錶則以手鐲形式為女士而設。*Santos-Dumont*腕錶的錶殼結集了簡潔的幾何元素，配合柔和的錶耳曲線，屬現代風格的早期例證。*Santos-Dumont*腕錶配以卡地亞首度推出的幾何珠寶設計（1906至1907年），堪稱當代傑作。

卡地亞亦在戰前時期呈獻另一鐘錶傑作*Tonneau* 腕錶，此腕錶於1906年問世，首年推出時備有黃金和鉑金款式。*Tonneau* 腕錶除造就了卡地亞標誌的酒桶型設計外，更同時搭配雕紋錶盤和羅馬數字時標，這兩項設計其後亦成為眾多卡地亞錶款的標誌元素。儘管*Santos-Dumont*腕錶的原型是1904年為艾拔圖・桑托斯・杜蒙設計的

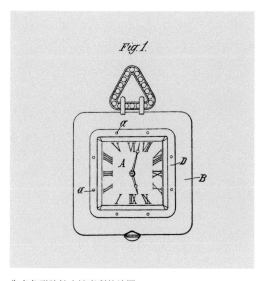

為多角形腕錶申請專利的繪圖，
錶鏡由螺絲固定。1910年。

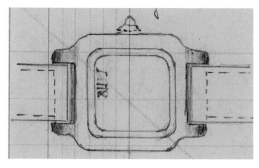

銷售帳中的*Santos*錶款繪圖。
1911年巴黎卡地亞。

首枚孤品錶，而*Tonneau*才是卡地亞生產的首個腕錶系列。*Tonneau*腕錶亦展示出另一項卡地亞設計特色：凸圓形上鏈錶冠。凸圓形首見於卡地亞的腕錶，特別是1906年的*Tonneau*腕錶；而路易・卡地亞亦設計過凸圓形的錶耳。

第一次世界大戰對於腕錶製作的發展來說，是關鍵的過渡時期，腕錶（通常是在小型懷錶錶殼兩端附設皮錶帶介面）與懷錶的地位逐漸看齊，直到1918年，腕錶更超越了懷錶的銷售量。卡地亞*Tank*系列於1917年問世，可說是卡地亞廣為人知的時計。而*Tank*系列腕錶的外型和名字，則是取材自第一次世界大戰時期首度推出、打破塹壕戰僵局的裝甲車輛（卡地亞於1918年將1917年設計的*Tank*腕錶原型贈予潘興上將(General Pershing)）。*Tank*系列採用首見於*Santos-Dumont*腕錶的錶耳設計——錶耳不僅是錶殼的一部份，更如Franco Cologni的著作《*Cartier: The Tank Watch*》所言，是腕錶「⋯⋯不可或缺的結構元素」。首枚*Tank*腕錶於1919年推出市場。

*Tonneau*腕錶問世後三十年，卡地亞為其推出更多添加款式的腕錶，傳承品牌的設計美學。1912年*Tortue*和橢圓形錶款相繼面世，*Cloche*腕錶亦於1923年推出。從基本錶款衍生出各式腕錶。而從21世紀初起，品牌亦著手研製不同形狀的錶殼，一方面保留了卡地亞腕錶設計理念的核心元素，在延續簡約幾何設計、傳承*Santos*、*Tonneau*和*Tank*系列開創的美學風範的同時，開發了嶄新款式。*Calibre de Cartier*及*Ballon Bleu de Cartier*腕錶尤其彰顯出卡地亞腕錶設計傳統的連續性和生命力。

1907年，飛行先驅桑托斯‧杜蒙
（Alberto Santos Dumont）著手製作
「Demoiselles」輕型機動單翼機，
堪稱現代飛機的始祖。

Santos腕錶
1915年巴黎卡地亞

黃金，玫瑰金，藍寶石，真皮錶帶

*LeCoultre 126*圓形機芯，日內瓦波紋
（*Côtes de Genève*）裝飾，鍍銀，8項
調校，18枚寶石軸承，瑞士槓桿式擒縱
系統，雙金屬平衡擺輪，寶璣擺輪游絲。

3.49 x 2.47厘米（錶殼）

WCL 87 A15

Tank腕錶
1920年巴黎卡地亞

鉑金，黃金，藍寶石，真皮錶帶

*LeCoultre 119*圓形機芯，日內瓦波紋
（*Côtes de Genève*）裝飾，鍍銠，8項
調校，19枚寶石軸承，瑞士槓桿式擒縱
系統，雙金屬平衡擺輪，寶璣擺輪游絲。

2.96 x 2.30厘米（錶殼）

WCL 115 A20

可反轉basculante腕錶
1936年巴黎卡地亞

黃金，玫瑰金，真皮錶帶

*LeCoultre 111*長方形切角機芯，鍍銠，
2項調校，18枚寶石軸承，瑞士槓桿式
擒縱系統，雙金屬平衡擺輪，扁平擺輪
游絲。

3.78 x 1.98厘米（錶殼）

WCL 96 A36

Tank Cintrée腕錶
1924年巴黎卡地亞

鉑金，黃金和玫瑰金，藍寶石，真皮錶帶

*LeCoultre 123*圓形機芯，日內瓦波紋
（Côtes de Genève）裝飾，鍍銠，8項
調校，18枚寶石軸承，瑞士槓桿式擒縱
系統，雙金屬平衡擺輪，寶璣擺輪游絲。

4.63 x 2.30厘米（錶殼）

WCL 34 A24

測試Tank étanche腕錶的防水功能。
1931年。

法國影星及歌手伊夫・蒙當（Yves Montand）佩戴*Tank Louis Cartier*腕錶。

安迪・沃荷（Andy Warhol）熱衷於收藏 *Tank* 腕錶。1973年。

俄國作曲家伊戈爾·史特拉汶斯基
（Igor Stravinsky）佩戴*Tonneau*腕錶。
1949年。

Tonneau 腕錶
1908年巴黎卡地亞

金，藍寶石，真皮錶帶

*LeCoultre 10HPVM圓形機芯，鍍金，18枚
寶石軸承，瑞士槓桿式擒縱系統，雙金屬
平衡擺輪，扁平擺輪游絲。*

售予Hohenfelsen伯爵夫人

3.75 x 2.60厘米（錶殼）

WCL 122 A08

弧形錶圈腕錶
1965年巴黎卡地亞

黃金，玫瑰金，真皮錶帶

LeCoultre 496圓形機芯，仿日內瓦波紋
（Côtes de Genève）裝飾，鍍銠，15枚
寶石軸承，瑞士槓桿式擒縱系統，單金屬
平衡擺輪，扁平擺輪游絲。

2.80 x 2.00厘米（錶殼）

WCL 101 A65

1967年，羅密·施耐德（Romy Schneider）
於特倫斯·楊（Terence Young）執導的
《雙重特工》（*Triple Cross*）片場。
她佩戴*Baignoire*腕錶。

鐘形腕錶
1923年卡地亞

黃金，玫瑰金，藍寶石，真皮錶帶

*LeCoultre 126*圓形機芯，日內瓦波紋
（*Côtes de Genève*）裝飾，鍍銀，8項
調校，18枚寶石軸承，瑞士槓桿式擒縱
系統，雙金屬平衡擺輪，寶璣擺輪游絲。

2.90 x 2.50厘米（錶殼）

WCL 43 A23

配保護格柵的防水腕錶
1943年巴黎卡地亞

黃金，玫瑰金，藍寶石，真皮錶帶

*LeCoultre 437*長方形切角機芯，仿
日內瓦波紋（*Côtes de Genève*）裝飾，
15枚寶石軸承，瑞士槓桿式擒縱系統，
單金屬平衡擺輪，扁平擺輪游絲。

錶殼直徑4.10厘米

WCL 81 A43

Crash腕錶
1967年倫敦卡地亞

黃金，玫瑰金，藍寶石，真皮錶帶

LeCoultre 840酒桶形機芯，日內瓦波紋
（Côtes de Genève）裝飾，鍍銠，17枚
寶石軸承，瑞士槓桿式擒縱系統，單金屬
平衡擺輪，扁平擺輪游絲。

這款腕錶呈現出彷若經撞毀後的形態。

4.25 x 2.50厘米（錶殼）

WCL 53 A67

Maxi Oval腕錶
1969年倫敦卡地亞

金，藍寶石，真皮錶帶

LeCoultre 840酒桶形機芯，日內瓦波紋
（Côtes de Genève）裝飾，鍍銠，17枚
寶石軸承，瑞士槓桿式擒縱系統，單金屬
平衡擺輪，扁平擺輪游絲。

5.25 x 2.28厘米（錶殼）

WCL 28 A69

複雜功能：三問裝置

三問裝置不單結構複雜（由大量零件組成，當中大部份在生產時需達到極高的精準度），且有着精巧的細節，因而被視為技術要求最嚴苛的鐘錶功能之一。三問腕錶需要極為準確的調校才能正常運作。三問裝置是指鐘錶根據指示可於小時、刻鐘和分鐘進行報時。佩戴者只須按下按鈕或操作錶殼旁邊的滑動裝置，從而驅動輔助發條運作，並啟動報時系統。三問裝置一般配備兩個強化鋼簧，分別按小時、刻鐘和每分鐘調校至不同聲響；而以彈簧驅動的音槌則在報時系統啟動時觸響齒條和槓桿。整個報時系統的調節必須與計時齒輪系完全一致，而三問裝置每項結構，包括音簧的組合和音調、連接錶殼的介面、音槌敲擊的力度等等，均需受嚴格控制，從而調節成豐富悅耳、節奏準確的聲響（三問裝置的報時速度受調速系統控制，可加快或減慢報時節奏）。

三問裝置可見於卡地亞藝術典藏系列的座鐘、懷錶及腕錶。卡地亞曾創作多款單項功能或搭配其他功能的三問懷錶。典藏系列中一個最著名的例子要數卡地亞於1925年推出的萬年曆三問懷錶（見WPC 03 C25，第90頁），這款懷錶配備日期、星期及月份的同軸數位顯示，將優雅簡潔的錶盤與精湛的技術完美結合。卡地亞在一戰前期亦製作了不少飾以琺瑯雕紋的正方形座鐘，由座鐘頂部的推進鈕啟動報時裝置（見CR 01 A10，第89頁）。搭載三問裝置的旅行鐘亦同時面世。卡地亞還將三問裝置融入「複雜功能」鐘錶之中，例如於1927年由巴黎卡地亞售出的三問懷錶，其結構極為複雜，配備追針計時功能、萬年曆和月相顯示（見WPC 26 A27，第108頁）。而在1990年，卡地亞又推出配備萬年曆和月相顯示的 *Pasha de Cartier* 三問腕錶（見ST-WCL 250 A90，第109頁）。

立方形三問報時座鐘
1910年巴黎卡地亞

金，銀，鉑金，瑪瑙，琺瑯，月長石，
玫瑰式切割鑽石

*Nocturne 8日動力儲存長方形機芯，三問
報時，鍍金，瑞士槓桿式擒縱系統，雙金
屬平衡擺輪，寶璣擺輪游絲。上鏈和
時間調校軸。*

10.00 x 6.20 x 7.70厘米

CR 01 A10

「Marine Repeater」（或稱為「船鐘」）懷錶是卡地亞藝術典藏系列最與眾不同的
三問錶之一，這款懷錶搭載由LeCoultre於1926年製作的150型機芯（見WPC 19
A26，第91頁）。懷錶按照指示進行報時工作，其獨特功能仿如船上的敲鐘。
此懷錶原為一名洋鐵大亨之子William B. Leeds而製，他熱愛帆船，其母親Nancy
Leeds亦是卡地亞最尊貴的客戶之一。

三問報時萬年曆懷錶
約1925年倫敦卡地亞

金

Victorin Piguet 風格圓形機芯，三問
報時，萬年曆，仿日內瓦波紋（*Côtes de
Genève*）裝飾，鍍銠，8項調校，31枚
寶石軸承，瑞士槓桿式擒縱系統，雙金屬
平衡擺輪，寶璣擺輪游絲。

三問裝置可按要求報出小時、刻鐘及分鐘
（後者為高音）。日曆錶款還可顯示
日期。通常會顯示星期、日期和月份。
萬年曆能夠自動計算每月天數和閏年，
僅在極個別情況下才需要手動調校，
如當整百年不是閏年時（即無法被
400整除的年份）。

直徑5.20厘米

WPC 03 C25

Tortue三問報時腕錶
1928年巴黎卡地亞

金，真皮錶帶

*LeCoultre*圓形機芯，三問報時，日內瓦波紋（*Côtes de Genève*）裝飾，鍍銠，8項調校，29枚寶石軸承，瑞士槓桿式擒縱系統，雙金屬平衡擺輪，寶璣擺輪游絲。

此款極為罕見的腕錶採用最為精密的複雜功能：當推動三問報時滑片，三問裝置可報出小時、刻鐘及分鐘。

2.99 x 3.27厘米（錶殼）

WCL 127 A28

船鐘懷錶
1926年巴黎卡地亞

金，琺瑯

LeCoultre 150圓形機芯，船鐘（*Ship's Bell*）報時，日內瓦波紋（*Côtes de Genève*）裝飾，鍍銠，8項調校，29枚寶石軸承，瑞士槓桿式擒縱系統，雙金屬平衡擺輪，寶璣擺輪游絲。

1926年製造的款式配備三問報時機構，1928年售出的款式採用船鐘式報時裝置，即為船員每4小時一次輪班中的8次報時。此款懷錶報時方式如下：
0000　四次雙響敲鐘
0030　一次單響敲鐘
0100　一次雙響敲鐘
0130　一次單響加一次雙響敲鐘
0200　兩次雙響敲鐘
0230　一次單響敲鐘加兩次雙響敲鐘
0300　三次雙響敲鐘
0330　一次單響敲鐘加三次雙響敲鐘
0400　四次雙響敲鐘。
如此周而復始，以4小時為一週期。這是此類腕錶配備的一種特殊報時裝置。

售予威廉·B·利茲（William B. Leeds）

直徑5.00厘米

WPC 19 A26

其他複雜功能

卡地亞的複雜功能時計包括多項經典功能，例如計時功能、追秒（追針）計時、陀飛輪和萬年曆。此外，為呈現與眾不同的視覺美感，卡地亞亦採用有別於傳統鐘錶顯示的功能，如可見於腕錶及懷錶中的跳時功能。其中一個著名例子包括一枚於1929年製作、配備跳時功能和透明錶背的懷錶（見WPC 05 A29，第93頁）；此懷錶原本搭載透明水晶錶殼，由Edmond Jaeger設計（Edmond Jaeger於1907年與簽約卡地亞）——目前投產的*Rotonde de Cartier* 跳時腕錶便是從此懷錶中汲取設計靈感，其錶盤與1929年製作的懷錶如出一轍（並與懷錶同樣搭配錶背顯示）。跳時腕錶的例子亦包括1929年製作的多款*Tank à guichets*（窗口）腕錶。*Tank à guichets*腕錶於1990年代再度推出，並與1920和30年代的設計十分相近，其纖細筆直的設計不僅流露出裝飾藝術風格，更同時反映出1929年左右經濟大蕭條時期的克制和樸實風格。

卡地亞於1920年代開始生產多時區和世界時間腕錶。卡地亞藝術典藏系列中包括一枚於1927年問世的三時區懷錶，其主錶盤和兩個副錶盤分別顯示當地時間和另外兩個地區的時間（見WPC 09 A27，第98頁）；以及於1940年（見WPC 12 A40，第98頁）由江詩丹頓創作的"國際時間"或世界時間懷錶（搭載Agassiz機芯），可顯示主時區及31個城市時間。另一重要的「國際時間」鐘錶是一座飾以黃金、珊瑚和鑽石的台鐘，此台鐘於1966年售予芭芭拉·赫頓（Barbara Hutton）（見CDS 64 A66，第99頁）。如今，「國際時間」功能亦呈現於高級製錶系列*Calibre de Cartier*多時區腕錶中，此款腕錶是首次搭載夏令時間功能的腕錶，可顯示各個時區的夏冬令時間及出發地和本地的時差。

早期生產的*Tortue*單鈕計時碼錶獲一眾收藏家和鑒賞家的青睞，而單鈕計時也因此成為卡地亞的一項特色功能。單鈕計時碼錶是最早的計時碼錶款式，其按鈕或設於上

跳時懷錶，透明錶背
1929年紐約卡地亞

鉑金，金，Plexiglas®樹脂玻璃，琺瑯

圓形機芯，小時跳字顯示，仿日內瓦波紋
（Côtes de Genève）裝飾，鍍銠，8項
調校，19枚寶石軸承，瑞士槓桿式擒縱
系統、雙金屬平衡擺輪、寶璣擺輪游絲。

直徑4.90厘米

WPC 05 A29

鏈錶冠同軸位置上，或與錶冠一體，控制開始、停止和重設計時功能。卡地亞藝術典藏系列中亦可見單鈕計時懷錶，包括一枚於1927年為European Watch and Clock Co Inc.公司於1927年瑞士製造的懷錶（見WPC 21 A27，第101頁）。此公司於1919年由紐約的卡地亞創立。此外，經典的*Tortue*單鈕計時碼錶亦是卡地亞藝術典藏系列一，由Edmond Jaeger在製作，搭載 LeCoultre 133型機芯（見WCL 42 A29，第100頁）。這項傳統的計時碼錶功能，亦可見於目前腕錶系列之中，如搭載9431 MC型機芯的*Rotonde de Cartier*陀飛輪單鈕計時碼錶。

儘管雙刻度圈設計（通常設兩個數位圈，外圈一般為羅馬數字小時刻度，內圈則為阿拉伯數字分鐘刻度）本身不屬複雜功能腕錶，但從20世紀初開始卡地亞便一直沿用此設計。在卡地亞藝術典藏系列中，一枚於1911年由Edmond Jaeger為巴黎卡地亞打造的懷錶（見WPO 66 A11，第102頁），是最先採用雙刻度圈設計的時計。而「卡地亞時間藝術」展覽亦呈獻一枚1916年面世的精美懷錶（見WPO 20 A16，第103頁），此懷錶搭配鉑金鑲邊水晶錶殼，並於錶殼外緣和三角蝴蝶結上鑲嵌玫瑰式切割鑽石。1994年卡地亞設計的雙刻度圈懷錶，便是從這款超薄雙刻度圈經典鐘錶中汲取靈感（見ST-WPO 02 A94，第102頁），其鉑金錶殼和錶殼外緣鑲鑽的設計更是同出一轍。卡地亞藝術典藏系列亦包括搭載雙刻度圈顯示的複雜功能懷錶，如一枚由巴黎卡地亞於1912年售出的配備雙刻度圈的三問懷錶（見WPC 18 C12，第102頁）。高級製錶系列中的*Rotonde de Cartier*中央區顯示計時功能碼錶更將雙刻度圈顯示和兩個錶盤設計完美融合。

透明錶背是相對現代化的設計，但有時卻會被視為是腕錶必備的功能；而從現代角度來看，這也反映了人們對腕錶觀念的轉變：從實用為先轉化至美觀至上。鐘錶中體現的非凡技藝和設計美感，正好揭示出鐘錶同時作為裝飾品和實用工具的

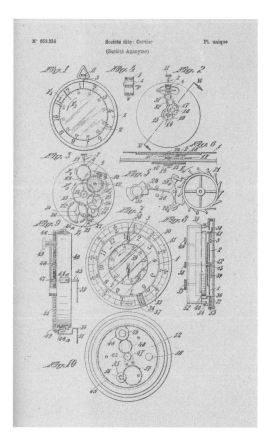

N° 852.214　　　Société dite: Cartier　　　Pl. unique
(Société Anonyme)

為一枚無指針腕錶申請專利的繪圖，可讀
取經度及真實時間，專為導航而設。
1938年。

緊密關係——以機械裝置實現美學體驗。現代的卡地亞腕錶採用透明錶背，藉以展現眾多機芯的精密運作，如獲「日內瓦優質印記」（Geneva Hallmark）的9452 MC型浮動式陀飛輪機芯。其實卡地亞的透明錶背可追溯至更早時期，如「卡地亞時間藝術」展覽中兩枚來自卡地亞藝術典藏系列的懷錶便採用了透明錶背：1926年（見WPO 52 A27及WPO 37 A26，第104頁）和1927年面世、搭載三角蝴蝶結、羅馬數字刻度圈的懷錶。這些非凡錶款均呈現出機械鐘錶的恒久魅力和生命力。

月相顯示是最古老的製錶功能之一，在人工照明工具發明前作用尤為重大，因為月光亮度關乎旅客的安危。月相顯示一般搭載簡單日曆（如卡地亞藝術典藏系列的日曆座鐘，於1910年及1912年由Coüet和Bako製作而成，鍍銀雕紋外緣覆有半透明藍綠琺瑯），有時亦會配備萬年曆（見CDS 51 A12及CDS 47 A10，第106-107頁）。其中的著名款式包括Edmond Jaeger於1927年為巴黎卡地亞製作、搭載追針計時碼錶、三問裝置、萬年曆及月相顯示的懷錶（見WPC 26 A27，第108頁），以及於1990年問世、搭載萬年曆、月相顯示、三問裝置及自動上鏈裝置的*Pasha de Cartier*複雜功能腕錶（見ST-WCL 250 A90，第109頁）。

從左至右：
神秘懷錶（1931年巴黎卡地亞）。
自動上鏈懷錶，60小時動力儲存
（1935年倫敦卡地亞）。
*Tank à guichets*腕錶（1927年巴黎卡地亞）。

Tank *à guichets*腕錶
1928年巴黎卡地亞

黃金，玫瑰金，真皮錶帶

*LeCoultre 126*圓形機芯，小時跳字顯示盤
和連續分鐘顯示盤，仿日內瓦波紋
（*Côtes de Genève*）裝飾，鍍銠，8項
調校，18枚寶石軸承，瑞士槓桿式擒縱
系統、雙金屬平衡擺輪、寶璣擺輪游絲。

售予印度帕蒂亞拉土邦主：
Sir Bhupindra Singh, Maharajah of Patiala

3.70 x 2.50厘米（錶殼）

WCL 31 A28

艾靈頓公爵（Duke Ellington），美國
鋼琴家、作曲家、編曲家及樂隊指揮
手戴卡地亞碗錶。

三時區懷錶
1927年紐約卡地亞

鉑金

LeCoultre 140圓形基礎機芯，三時區顯示，仿日內瓦波紋（Côtes de Genève）裝飾，鍍銠，8項調校，19枚寶石軸承，瑞士槓桿式擒縱系統，雙金屬平衡擺輪，扁平擺輪游絲。

因應買家要求，這款懷錶能夠顯示三地時區的時間。拉出上鏈錶冠，可以同時調校主錶盤和3時位置副錶盤指針，兩錶盤的時間差保持一致。第三錶盤獨立於前兩者，要調校該錶盤指針，需轉動初始位置的上鏈錶冠，並按下11時位置的按鈕。

直徑4.55厘米

WPC 09 A27

世界時間懷錶
1940年紐約卡地亞

金

Agassiz Watch Co.製錶廠製造的瑞士圓形機芯，仿日內瓦波紋（Côtes de Genève）裝飾，鍍銠，21枚寶石軸承，瑞士槓桿式擒縱系統，雙金屬平衡擺輪，寶璣擺輪游絲。

帶有阿拉伯數字的旋轉圓盤備有晝夜指示：圓盤上數字6到18的區域為日區，18到6的區域為夜區，數位12和24分別由太陽和月亮圖案所取代。同心圓環上鑴刻有代表各時區的城市名稱及經度顯示，便於佩戴者在任何時候讀取這些城市的時間。

直徑4.40厘米

WPC 12 A40

世界時間座鐘
1966年巴黎卡地亞

金，紅珊瑚寶石，圓鑽

錶盤中心可旋轉區域列出每個時區（及對立面時區）主要城市的名稱，便於隨時讀取全球各地的時間。

8日動力儲存圓形機芯，鍍鎳，15枚寶石軸承，瑞士槓桿式擒縱系統，單金屬平衡擺輪，扁平擺輪游絲。錶盤中心與時針同步旋轉，指示巴黎時間。

售予Doan Vinh na Champassak公主
（芭芭拉・霍頓）

錶盤直徑8.20厘米

CDS 64 A66

雙時區神秘旅行鬧鐘，配鐘罩
1997年卡地亞

白金，明亮型鑽石

長方形機芯，雙時區機械裝置，日內瓦波紋（Côtes de Genève）裝飾，鍍銠，抗震，瑞士槓桿式擒縱系統，單金屬平衡擺輪，扁平擺輪游絲。上鏈與調校裝置位於背面，將背板滑開即可使用。

即使當鐘罩合上時，也可通過鐘罩和滑動背板上的圓形視窗讀取時間。

5.04 x 7.04厘米

ST-CM 01 A97

Tortue單鈕計時腕錶
1929年紐約卡地亞

金，真皮錶带

*LeCoultre 133*圓形機芯，單鈕計時
功能，30分鐘計時器，仿日內瓦波紋
（*Côtes de Genève*）裝飾，鍍銠，8項
調校，25枚寶石軸承，瑞士槓桿式擒縱
系統，雙金屬平衡擺輪，寶璣擺輪游絲。

售予埃茲爾•福特（Edsel Ford）

3.50 x 2.70厘米（錶殼）

WCL 42 A29

單按鈕計時懷錶
1927年紐約卡地亞

金，琺瑯

圓形單按鈕計時機芯，30分鐘計時器，
仿日內瓦波紋（Côtes de Genève）
裝飾，鍍銠，8項調校，27枚寶石軸承，
瑞士槓桿式擒縱系統，雙金屬平衡擺輪，
寶璣擺輪游絲。

直徑5.00厘米

WPC 21 A27

雙刻度圈懷錶
1911年巴黎卡地亞

鉑金，藍寶石

*LeCoultre 140*圓形機芯，仿日內瓦波紋（Côtes de Genève）裝飾，鍍銠，8項調校，18枚寶石軸承，瑞士槓桿式擒縱系統，雙金屬平衡擺輪，扁平擺輪游絲。

直徑4.51厘米

WPO 66 A11

雙刻度圈三問懷錶
約1912年卡地亞

金，琺瑯

圓形機芯，三問報時，鍍金，31枚寶石軸承，瑞士槓桿式擒縱系統，雙金屬平衡擺輪，實璣擺輪游絲。

直徑4.70厘米

WPC 18 C12

雙刻度圈懷錶
1994年卡地亞

鉑金，梯形切割鑽石，倒鑲鑽石

圓形機芯，日內瓦波紋（Côtes de Genève）裝飾，鍍銠，20枚寶石軸承，抗震，瑞士槓桿式擒縱系統，單金屬平衡擺輪，扁平擺輪游絲。

直徑4.90厘米

ST-WPO 02 A94

透明錶背懷錶
1927年巴黎卡地亞

鉑金，水晶，玫瑰式切割鑽石

*LeCoultre 126圓形機芯，仿日內瓦波紋
（Côtes de Genève）裝飾，鍍銀，8項
調校，19枚寶石軸承，瑞士槓桿式擒縱
系統，雙金屬平衡擺輪，扁平擺輪游絲。*

直徑4.43厘米

WPO 20 A16

Tank LC Noctambule腕錶
2006年卡地亞

鉑金，白金，藍寶石，真皮錶帶

卡地亞工坊精製9711 MC型鏤空手動
上鏈機械機芯，夜光塗層錶橋，19枚
寶石軸承。

絕無僅有的卡地亞典藏珍品。

2.90 x 3.84厘米（錶殼）

WLE 31 A2006

透明錶背懷錶
1927年巴黎卡地亞

鉑金，水晶，玫瑰式切割鑽石

*LeCoultre 126圓形機芯，仿日內瓦波紋
（Côtes de Genève）裝飾，鍍銀，8項
調校，19枚寶石軸承，瑞士槓桿式擒縱
系統，雙金屬平衡擺輪，扁平擺輪游絲。*

直徑4.43厘米

WPO 52 A27

懷錶
1926年紐約卡地亞

金，鉑金，玫瑰式切割鑽石，琺瑯

*LeCoultre 125圓形機芯，仿日內瓦波紋
（Côtes de Genève）裝飾，鍍銀，8項
調校，18枚寶石軸承，瑞士槓桿式擒縱
系統，雙金屬平衡擺輪，扁平擺輪游絲。*

直徑4.70厘米

WPO 37 A26

取自目錄冊的其中一頁，展示一枚
鑲嵌水晶、縞瑪瑙和鑽石的懷錶，
透明錶背。1930年紐約卡地亞。

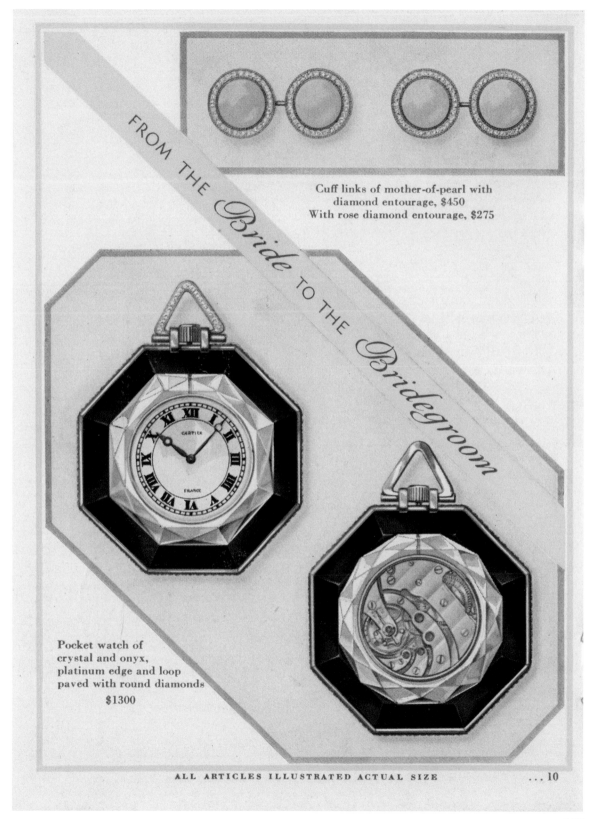

FROM THE *Bride* TO THE *Bridegroom*

Cuff links of mother-of-pearl with
diamond entourage, $450
With rose diamond entourage, $275

Pocket watch of
crystal and onyx,
platinum edge and loop
paved with round diamonds
$1300

ALL ARTICLES ILLUSTRATED ACTUAL SIZE   ... 10

105

日曆月相時鐘
1912年巴黎卡地亞

銀，鍍銀，鉑金，鍍金金屬，琺瑯，
玫瑰式切割鑽石

製錶廠製造的瑞士8日動力儲存圓形機芯
取代了原型機芯，鍍銠，15枚寶石軸承，
瑞士槓桿式擒縱系統，單金屬平衡擺輪，
寶璣擺輪游絲。日曆小錶盤和月相與四朵
鉑金小花相得益彰，琺瑯邊緣嵌飾玫瑰式
切割鑽石。

10.00 x 10.00厘米

CDS 51 A12

日曆月相時鐘
1910年巴黎卡地亞

銀，玫瑰金，鉑金，鍍銀，琺瑯，玫瑰式
切割鑽石

*8日動力儲存圓形機芯，簡單日曆機械
裝置，鍍金，瑞士槓桿式擒縱系統，
雙金屬平衡擺輪，寶璣擺輪游絲。
日曆小錶盤和月相與四顆鉑金星星
相得益彰，綠色琺瑯邊緣嵌飾玫瑰式
切割鑽石。*

10.00 x 10.00厘米

CDS 47 A10

三問報時追針計時懷錶，
設萬年曆和月相顯示
1927年巴黎卡地亞

金

*LeCoultre*圓形機芯，三問報時，追針
計時，48個月的萬年曆，月相顯示，
鍍銠，8項調校，40枚寶石軸承，瑞士
槓桿式擒縱系統，雙金屬平衡擺輪，
寶璣擺輪游絲。

直徑5.12厘米

WPC 26 A27

*Pasha de Cartier*自動上鏈腕錶，
三問報時，萬年曆和月相顯示
1990年卡地亞

黃金，玫瑰金，藍寶石，真皮錶帶

自動上鏈圓形機芯，三問報時，萬年曆，
月相顯示，手工雕琢，鍍金，41枚寶石
軸承，抗震，瑞士槓桿式擒縱系統，
單金屬平衡擺輪，扁平擺輪游絲。
月相調校按鈕設於錶側10時位置，星期
調校按鈕設於7時位置，日期調校按鈕
則設於5時位置。月份小錶盤的紅點
顯示閏年。

錶殼直徑3.80厘米（不包括上鏈錶冠）

ST-WCL 250 A90

神秘鐘

神秘鐘，因其神秘莫測的運作而得名。神秘鐘的指針於水晶鐘盤上運轉，看似游離於時鐘。最精妙的神秘鐘不但看不出時鐘和指針的機械連接，仔細檢驗下更很難找到任何機械裝置。卡地亞工作坊創作的神秘鐘以其魔幻般的視覺體驗讓人流連於那百思不得其解的奧秘中，這些流麗而珍稀的時鐘成為收藏家夢寐以求的珍品。

自1912年面世到1930年代初期，由Maurice Coüet製作的神秘鐘一直在外型設計上推陳出新。生於1885年的Coüet來自製錶家庭（其父親和祖父均於寶璣工作），他早年跟隨父親學習，後為卡地亞最重要的一家供應商工作。他在製錶技術和美學裝飾方面均極具天賦，終於創立了自己的工坊，並於1911年成為卡地亞獨家時鐘供應商。Coüet的天賦無人能及，而在1912年，他創作了首座卡地亞神秘鐘，並簡單取名為「款式A」（見CM 19 A14及CM 26 A49，第112-113頁）。

高貴典雅的「款式A」神秘鐘滲溢著「美好年代」（Belle Époque）的裝飾風格，當中運用的筆直線條、梯狀外殼和水晶主體，更彷彿預見裝飾藝術時期的來臨。儘管此神秘鐘不是最精細的款式，但卻是其中一件最純淨的傑作，其不透明鐘座搭載了八日動力儲存機芯，所有機械裝置均巧妙隱藏，而接近完全透明的外殼更是找不到驅動指針運轉的蛛絲馬跡。

神秘鐘獨特魔幻的特色亦歸功於Coüet的前人Jean-Eugène Robert-Houdin（1805-1871），他不單是現代神秘鐘的發明家，亦是19世紀其中一位最享負盛名的魔術師，更是現代舞台魔術的始創人。其精彩的幻術表演最為人津津樂道，當中包括著名的「奇妙橙樹」（Marvellous Orange Tree）。2006年電影《魔幻至尊》

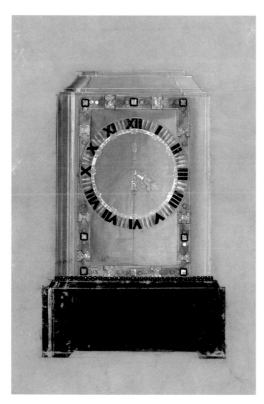

「款式A」神秘鐘設計圖，飾以透明
水晶、珍珠母貝、黃金、軟玉及
鑽石，1929年。

（*The Illusionist*）便是改編自他傳奇的一生，呈現他多項看家戲法。事實上，Robert-Houdin是在機緣巧合下成為魔術師的，他本來在一間本土書商訂購了貝爾德（Berthoud）的《鐘錶製造論文集》（*Treatise on Clockmaking*），卻無意地拿到兩本魔術著作。Robert-Houdin首個神秘鐘於1839年在法國工業展上展出。

神秘鐘是卡地亞彌足珍貴的展品，品牌採取了嚴謹的措施防止其秘密向外洩露，即使是銷售人員亦無法得知神秘鐘的運作原理。然而，神秘鐘的基本機械裝置卻是非常簡單。指針置於鋸齒狀的水晶盤上（實際是非常大的透明齒輪），鐘盤外框遮蓋了鋸齒圓周，而在「款式A」神秘鐘內，兩個分別搭載時針和分針的鋸齒圓盤，則由藏於錶殼側面的兩個環形螺釘所驅動。

神秘鐘是一項既精密且昂貴的設計，不論是採用的材質或工藝，均反映出當時最複雜的製錶工藝，而成本亦相對較高。路易‧卡地亞和Coüet以無窮的想像力打造傑出設計，在雙軸及單軸兩個基本裝置（單軸於1920年發明）的基礎上發展各種款式：從樸素優雅的原創「款式A」神秘鐘，到1923年異想天開、飾以神像（Billiken）的「廟門」神秘鐘（見CM 09 A23，第117頁；此神秘鐘於1973年成為卡地亞藝術典藏系列的首件珍品），再演變至分別於1928年和1926年問世的「大象」和中國「客邁拉」（Chimera）神秘鐘（見CM 20 A28，第118頁及CM 23 A26，第121頁）。「大象」神秘鐘的底座是一隻玉象，靈感源於18世紀的中國，展現出路易‧卡地亞對稀有古董的熱愛。

集精湛機械工藝與非凡美學設計的神秘鐘，將繼續成為卡地亞未來鐘錶設計的典範。

「款式A」神秘鐘

1914年巴黎卡地亞

金，鉑金，白瑪瑙，透明水晶，藍寶石，
琺瑯，玫瑰式切割鑽石

8日動力儲存長方形機芯，鍍金，瑞士
槓桿式擒縱系統，雙金屬平衡擺輪，
寶璣擺輪游絲。時間調校和上鏈裝置設
於底座下方。

首座「款式A」神秘鐘於1912年由卡地亞
出售。其鉑金和鑽石打造的指針似乎並未
與機械機芯相連結──這是這款鐘錶最
讓人不可思議之處。事實上，它的每一枚
指針均設置於帶有隱形鋸齒狀邊緣的水晶
盤面上，盤面由隱藏在時鐘兩側的兩個
垂直框架驅動，而驅動這兩個垂直框架
的，正是底座裏的機芯。

售予格雷夫爾侯爵（Count Greffulhe）

高度13.00厘米

CM 19 A14

「款式A」神秘鐘
1949年巴黎卡地亞

黃金，白金，鉑金，透明水晶，玫瑰式切
割鑽石，紅寶石

8日動力儲存長方形機芯，鍍金，3項
調校，15枚寶石軸承，瑞士槓桿式擒縱
系統，雙金屬平衡擺輪，寶璣擺輪游絲。
時間調校和上鏈裝置設於底座下方。

高度13.00厘米

CM 26 A49

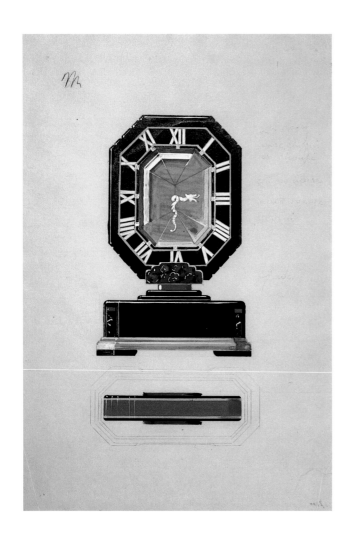

神秘鐘存檔圖，飾以黃金、縞瑪瑙、
漆面、玉、紅珊瑚寶石及鑽石，
搭載黃晶鐘盤。巴黎，1927年。

單軸神秘鐘
1920年巴黎卡地亞

黃金，白金，鉑金，硬質橡膠，黃水晶，
琺瑯，玫瑰式切割鑽石

8日動力儲存長形機芯，鍍金，瑞士
槓桿式擒縱系統，雙金屬平衡擺輪，
實璣擺輪游絲。時間調校和上鏈裝置
設於底座下方。

此款時鐘是卡地亞製作的首批單軸神秘鐘
之一。

高度12.00厘米

CM 16 A20

單軸神秘鐘
1922年巴黎卡地亞

金，鉑金，透明水晶，縞瑪瑙，琺瑯，
玫瑰式切割鑽石

8日動力儲存長方形機芯，鍍金，15枚
寶石軸承，瑞士槓桿式擒縱系統，雙金屬
平衡擺輪，寶璣擺輪游絲。時間調校和
上鏈裝置設於底座下方。

高度19.60厘米

CM 02 A22

115

「屏風」神秘鐘
1926年紐約卡地亞

金，鉑金，縞瑪瑙，水晶，月長石，
琺瑯，玫瑰式切割鑽石

8日動力儲存長方形機芯，鍍金，13枚
寶石軸承，瑞士槓桿式擒縱系統，雙金屬
平衡擺輪，寶璣擺輪游絲。時間調校和
上鏈裝置設於底座下方。傳動軸被屏風下
的縞瑪瑙珠所掩蓋。

高度14.00厘米

CM 12 A26

大號「廟門」神秘鐘
1923年巴黎卡地亞

鉑金，金，透明水晶，紅珊瑚寶石，
縞瑪瑙，琺瑯，玫瑰式切割鑽石

8日動力儲存正方形機芯，雙發條盒，
鍍金，13枚寶石軸承，瑞士槓桿式擒縱
系統，雙金屬平衡擺輪，寶璣擺輪游絲。
透明水晶傳動軸，覆凸圓形切割紅珊
瑚寶石。可移動福神像調節機芯。
上鏈和時間調校軸。

這款時鐘是一系列「廟門」
（"Portique"）時鐘中的第一款。
全套時鐘共六款，每一款都設計迥異，
由卡地亞在1923-1925年之間創作完成。

售予麥考米克夫人（Mrs. H.F.
McCormick）（加娜·禾斯卡）

35.00 x 23.00 x 13.00厘米

CM 09 A23

Fait par Cartier

Paris-Londres-New-York

「大象」神秘鐘
1928年巴黎卡地亞

鉑金，金，玉石，紅珊瑚寶石，縞瑪瑙，
水晶，珍珠母貝，珍珠，琺瑯，玫瑰式切
割鑽石

*8日動力儲存長方形機芯，鍍金，瑞士
槓桿式擒縱系統，雙金屬平衡擺輪，
寶璣擺輪游絲，安置鍍金金屬鐘殼的
寶塔穩坐於象背之上。機芯上鏈和時間
調校裝置位於寶塔內，抬起寶塔即可
使用。*

玉象來自18世紀的中國。這款神秘鐘是
卡地亞於1922至1931年間以動物或神話
生物為主題製作的一系列共12款時鐘中的
第九款，此系列部分作品的創作靈感源自
路易十五座鐘和路易十六座鐘，其機芯均
搭載於動物的背部。Hans Nadelhoffer
筆下的卡地亞鐘錶，如「廟門」
（"Portique"）時鐘系列，「儘管它們
缺少『法貝奇復活蛋』所蘊含的標誌性
意義……但這些『神秘鐘』依然會讓人們
為之傾倒、著迷。在所有帶有卡地亞
標誌的收藏品中，它們堪稱絕無僅有的
曠世之作。」如今，此系列包含四款經典
傑作：「大象」時鐘、「鯉魚」時鐘、
見第61頁、「神像」時鐘、見第123頁以
及「客邁拉」時鐘、見第121頁。

來源：訥瓦訥格爾土邦主（Maharajah of
Nawanagar）

20.00 x 15.50 x 9.20厘米

CM 20 A28

單軸神秘鐘
1927年巴黎卡地亞

金，鉑金，硬質橡膠，黑曜石，
透明水晶，紅珊瑚寶石，縞瑪瑙，
玫瑰式切割鑽石，琺瑯

*8日動力儲存長方形機芯，鍍金，13枚
寶石軸承，瑞士槓桿式擒縱系統，雙金屬
平衡擺輪，寶璣擺輪游絲。時間調校和
上鏈裝置設於底座下方。*

來源：西班牙皇后維多利亞・尤金妮婭
（Victoria Eugenia），阿方索十三世
（Alphonse XIII）之妻

高度13.90厘米

CM 25 A27

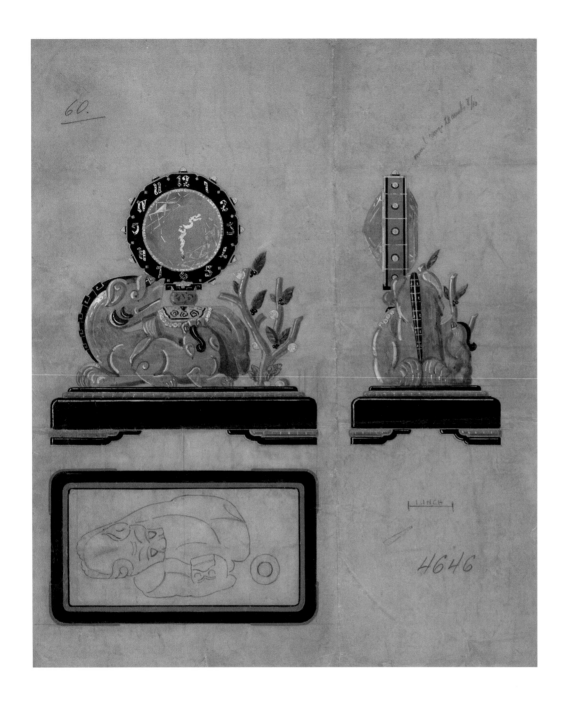

60.

4646

藝術家筆下的神秘鐘，1929年。
米色描圖紙上的石墨及水粉畫。
飾以金、琺瑯、軟玉、紅珊瑚寶石、
縞瑪瑙、黃晶、珍珠及鑽石。雕刻瑪瑙
客邁拉。（19世紀中國）。

「客邁拉」神秘鐘
1926年紐約卡地亞

18K金，鉑金，黃水晶，瑪瑙，軟玉，
縞瑪瑙，紅珊瑚寶石，珍珠，祖母綠，
琺瑯，玫瑰式切割鑽石

8日動力儲存長方形機芯，鍍金，15枚
寶石軸承，雙金屬平衡擺輪，寶璣擺輪
游絲。傳動軸隱藏於神獸客邁拉下的珊瑚
雕件中。時間調校和上鏈裝置設於底座
下方。

瑪瑙神獸客邁拉來自19世紀的中國。這款
神秘鐘是卡地亞於1922-1931年間以動物
或神話生物為主題製作的一系列共12款時
鐘裏的第六款，此系列部分作品的創作靈
感源自路易十五座鐘和路易十六座鐘，
其機芯均搭載於動物的背部。Hans
Nadelhoffer筆下的卡地亞鐘錶，如
「廟門」（"Portique"）時鐘系列，
「儘管它們缺少『法貝奇復活蛋』所蘊含
的標誌性意義……但這些『神秘鐘』依然
會讓人們為之傾倒、著迷。在所有帶有
卡地亞標誌的收藏品中，它們堪稱絕無
僅有的曠世之作。」如今，此系列包含
四款經典傑作：「大象」時鐘、見第
118頁、「鯉魚」時鐘、見第61頁、
「神像」時鐘、見第123頁、以及
「客邁拉」時鐘。

17.00 x 13.80 x 7.45厘米

CM 23 A26

位於和平大街13號的展櫃，
展示「客邁拉」水晶神秘鐘。
1927年。

神像神秘自鳴鐘
1931年巴黎卡地亞

鉑金，金，白玉，透明水晶，縞瑪瑙，
軟玉，珍珠，綠松石，紅珊瑚寶石，
琺瑯，玫瑰式切割鑽石

8日動力儲存長方形機芯，自鳴裝置
（整點和刻鐘），鍍金，瑞士槓桿式
擒縱系統，雙金屬平衡擺輪，寶璣擺輪
游絲。上鏈和時間調校軸設於底座後部。

玉雕來自19世紀的中國。這款神秘鐘是
卡地亞於1922-1931年間以動物或神話
生物為主題製作的一系列共12款時鐘裏的
最後一款，此系列部分作品的創作靈感源
自路易十五座鐘和路易十六座鐘，
其機芯均搭載於動物的背部。Hans
Nadelhoffer筆下的卡地亞鐘錶，如
「廟門」（"Portique"）時鐘系列，
「儘管它們缺少『法貝奇復活蛋』所蘊含的
標誌性意義……但這些『神秘鐘』依然
會讓人們為之傾倒、著迷。在所有帶有
卡地亞標誌的收藏品中，它們堪稱絕無
僅有的曠世之作。」如今，此系列包含
四款經典傑作：「大象」時鐘、見
第118頁、「鯉魚」時鐘、見第61頁、
「客邁拉」時鐘、見第121頁、以及
「神像」時鐘。

售予保羅・路易・韋勒（Paul-Louis Weiller）

35.00 x 28.00 x 14.00厘米

CM 04 A31

單軸神秘鐘
1956年巴黎卡地亞

金，鉑金，煙晶，玫瑰式切割鑽石、
圓鑽和單面切割鑽石

8日動力儲存長方形機芯，鍍金，瑞士
槓桿式擒縱系統，雙金屬平衡擺輪，
寶璣擺輪游絲。上鏈和時間調校軸設於
底座後部。

21.00 x 17.00 x 8.50厘米

CM 15 A56

「盤式」神秘鐘
1953年巴黎卡地亞

金，鉑金，透明水晶，天青石，
圓鑽和單面切割鑽石。
時針呈星形。

8日動力儲存圓形機芯，雙發條盒，
鍍金，瑞士槓桿式擒縱系統，雙金屬
平衡擺輪，寶璣擺輪游絲。時間調校與
上鏈裝置，掀開6點鐘位置下的碟片
即可使用。

直徑23.80厘米

CM 21 A53

神秘懷錶
1931年巴黎卡地亞

金，水晶，琺瑯

*LeCoultre 409*長方形基礎機芯，附加
夾板，垂直條紋裝飾，鍍銠，15枚寶石
軸承，瑞士槓桿式擒縱系統，雙金屬
平衡擺輪，扁平擺輪游絲。

4.10 x 4.10厘米

WPC 13 A31

藝術家筆下的三枚神秘懷錶，以黃金、
玫瑰金及白金打造而成，慶祝卡地亞
150周年紀念。1997年。

「150周年紀念」神秘懷錶
1997年卡地亞

金，水晶

切角正方形機芯，日內瓦波紋（*Côtes de
Genève*）裝飾，鍍銠，17枚寶石軸承，
抗震，瑞士槓桿式擒縱系統，單金屬
平衡擺輪，扁平擺輪游絲。

直徑5.00厘米

ST-WPO 05 A97

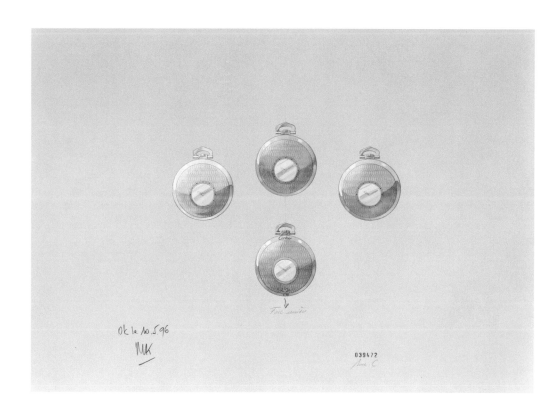

「廟門」重力時鐘
1927年巴黎卡地亞

鉑金，金，縞瑪瑙，軟玉，紅珊瑚寶石，
玉雕，玫瑰式切割鑽石，紅寶石，琺瑯

浪琴表（Longines）8日動力儲存圓形
機芯，瑞士槓桿式擒縱系統，雙金屬平衡
擺輪，寶璣擺輪游絲。六點鐘位置（VI）
下隱藏著用於調校時間的錶冠。

鐘殼在兩根圓柱間緩緩下降，歷時8天
到達底部，此時應手動將其移至頂部。
地球引力而導致的下降是機芯能量的
來源。

來源：芭芭拉•史翠珊（Barbra Streisand）
的收藏品

23.00 x 12.10 x 7.00厘米

CS 14 A27

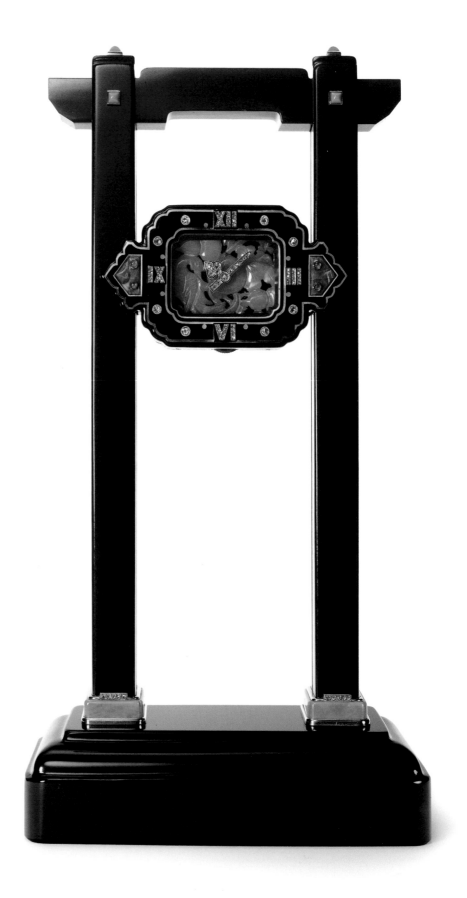

磁性「客邁拉」時鐘設計圖，時鐘以
大理石、銀、軟玉及天青石製成，配以
十八世紀中國雕花玉碗。巴黎，1929年。

磁性座鐘
1928年紐約卡地亞

銀，綠色大理石，琺瑯

圓形機芯，2項調校，7枚寶石軸承，瑞士
槓桿式擒縱系統，單金屬平衡擺輪。機芯
驅動錶盤下的磁石，磁石帶動海龜沿錶盤
邊緣漂浮，海龜頭部指示小時。

13.00厘米（直徑）；9.00厘米（高度）

CS 09 A28

微型棱鏡時鐘
1952年巴黎卡地亞

金，透明水晶

*LeCoultre 427*圓形機芯，鍍銠，17枚
寶石軸承，瑞士槓桿式擒縱系統，單金屬
平衡擺輪，扁平擺輪游絲。唯有從某一角
度面對時鐘，錶盤才能映射出現。

售予阿里•阿加•汗王子（Prince Ali Aga
Khan）

2.85 x 1.74 x 1.74厘米

CS 07 A52

取自目錄冊的其中一頁，展示一座金棱鏡
座鐘。1956年紐約卡地亞。

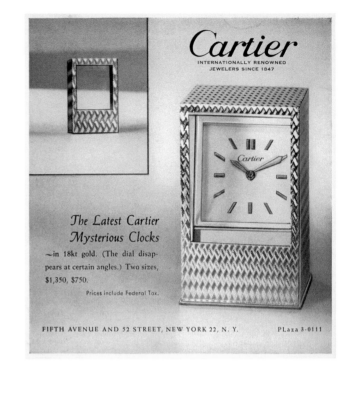

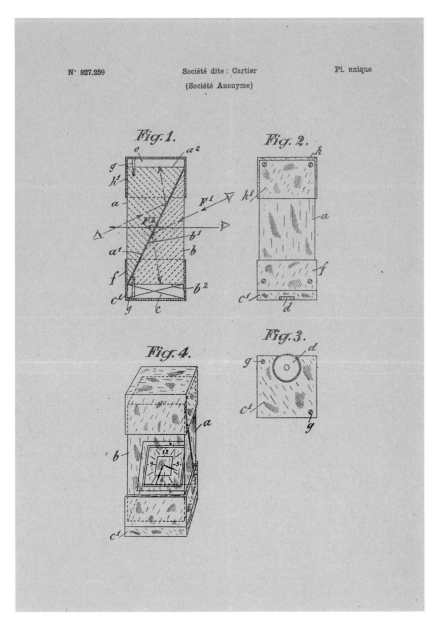

Fig. 1.   *Fig. 2.*

Fig. 4.   *Fig. 3.*

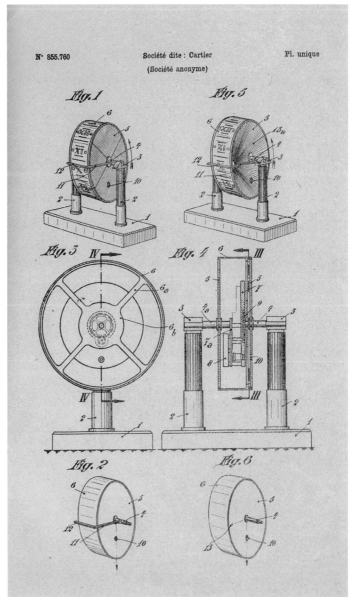

Fig. 1.   *Fig. 5.*

Fig. 3.   *Fig. 4.*

Fig. 2.   *Fig. 6.*

為配合折射及全反射功能的透明物料
所製作的時鐘或其他物件申請專利。
1937年申請專利。

神秘鐘專利製圖，鐘內有一小鼓在水平
軸上旋轉。1939年。

131

高級製錶系列

引言：
卡地亞高級製錶系列

卡地亞高級製錶系列不僅標誌品牌鐘錶成就上的最新發展，並延續了卡地亞悠久的鐘錶製作傳統，致力通過時計設計來展現其機械技術的專注與追求。品牌貫徹以創作出兼備完美機械性能與設計美學的時計作品，為其設計哲學。卡地亞的神秘鐘或許就是卡地亞典藏系列以及卡地亞時間藝術展覽中，最能體現這種設計哲學的作品。神秘鐘在技術上的精密複雜不容置疑，然而複雜性本身並不是最重要的，它只有與其他零部件整合成一個完美的整體時才能發揮其最大價值。卡地亞在創作複雜時計時秉持的理念是整體應大於所有零件的總和，這在Tank、Santos及Tonneau等卡地亞最初期的腕錶中便可見一斑。這些時計作品中的基本功能都跟腕錶獨特的設計融為一體。這三款腕錶的誕生於二十世紀的首20年，當時腕錶正逐漸取代懷錶，成為必備的服裝配飾。早期不少的腕錶設計仍舊為懷錶，僅在錶殼上焊接錶耳以便安裝錶帶。然而，卡地亞推出的首批腕錶不論從錶帶安裝系統的完美整合、獨特的機芯設計、尺寸設定到錶款的整體外型，均顯然為手腕佩戴而設計。

同樣，在以更精巧技術製作的時鐘與腕錶中，這種機械技術與美學設計的交匯融合也許是卡地亞鐘錶工藝中一項最鮮明且始終貫穿其中的元素。以卡地亞所製作Tank à guichets跳時錶，其簡約而純粹的設計與複雜功能完美協調，由內而外，皆出類拔萃。而卡地亞的超薄懷錶亦同樣體現了外型與功能的完美融合。如果沒有內部的高品質超薄機芯，其精緻的視覺比例和外型特性便無法實現。至於單按鈕計時碼錶領域，從1920年代初的Tortue錶款，直至現時高級製錶系列搭載9431 MC型機芯的陀飛輪單按鈕計時碼錶，卡地亞均充分利用機芯的特性以創製出輪廓極其流暢的計時碼錶。

在高級製錶系列中，以*Astrorégulateur*腕錶最能體現機械結構與美學設計完美結合的理念。擒縱裝置是腕錶不可或缺的部件，當它在調節計時功能時，發出如同心臟脈動的「滴答」聲響，展現機械裝置的生命力。在*Astrorégulateur*腕錶中，擒縱裝置被安裝於驅動自動上鏈系統的擺陀中。這項安排顯然有其技術上的理由，因為這樣可令擒縱裝置免受重力的不利影響，令計時性能更加穩定。然而更重要的是，正因機芯的功能特性與其設計得以完美融合，才能打造出這枚出色的*Astrorégulateur*腕錶。若就神秘鐘而言，我們將不可能拋開美學設計而單獨探討其功能或機械結構，而應將這兩項特性視作一個整體，而這正是貫穿整個高級製錶系列的理念精髓。

*ROTONDE DE CARTIER ASTROREGULATEUR*腕錶：
9800 MC型機芯

Rotonde de Cartier Astrorégulateur腕錶
Rotonde de Cartier腕錶

時、分顯示，轉盤驅動擒縱機構系統，
避免腕錶處於垂直位置受地心引力的
影響。
鈮鈦合金錶殼。
編號限量50枚。

鈦金屬圓珠形錶冠，鑲嵌凸圓形藍寶石；
藍寶石水晶鏡面；深灰色格紋錶盤；
劍形藍鋼指針；藍寶石錶背。直徑：
50毫米，厚度：18毫米。黑色鱷魚
皮錶帶，18K白金可摺疊錶扣，防水
深度3巴（30米）。
卡地亞9800 MC型自動上鏈機械機芯，
獨立編號，含281個零件及43枚紅寶石
軸承。直徑：35.8毫米，厚度：10.1毫米，
擺輪振頻：每小時21,600次，動力儲存約
54小時。

W1556211

*Astrorégulateur*腕錶是高級製錶系列的最新成員
之一，這款腕錶解決了一大製錶難題：如何
妥善處理地心引力對錶內擒縱裝置的影響。
由於腕錶在佩戴時會處於不同位置，而地心
引力對游絲、擺輪及其他擒縱部件均有影響，
因此腕錶的速率會因所處位置的不同而有
所誤差。

陀飛輪是現今嘗試解決這項難題的主要方法。
游絲、擺輪、擒縱裝置及擒縱輪等受地心引力
影響的部件，均置於陀飛輪的旋轉框架內。
由於框架內所有部件均以同一速率運轉，從而
避免了垂直狀態下各部件速率不同的問題，
有助製錶匠將速率調節至接近水準狀態。

很多人誤以為陀飛輪能夠消除地心引力對鐘錶
的影響，然而嚴格來說，陀飛輪是有效平均
分佈垂直位置的各個誤差率。

卡地亞於2011年創製了9800 MC型
*Astrorégulateur*機芯，為地心引力對各垂直
部件產生的影響帶來嶄新的解決方法。無論是
傳統、還是現代的自動上鏈腕錶中，自動上鏈
系統的擺陀與其他部件的不同之處，在於其他
零件處於垂直位置時，它依然不受影響，總能
停留在同一位置。*Astrorégulateur*腕錶充份利用

了這個特點，將最敏感的擒縱部件如第四
齒輪、擒縱輪、擺輪和游絲置於轉陀上。
因此，即使腕錶在使用時處於垂直狀態，擒縱
部件均能夠維持於同一位置上。其結果不僅是
「平均分佈」誤差率，而是不會造成任何
誤差。

要在自動上鏈系統的擺陀上裝置擒縱部件，
需要運用結構非常獨特的機芯，而運轉輪系的
配置更是十分罕見，其擺陀並非如慣常置於
底蓋，而是設置於錶盤兩側。透過錶盤上的
大視窗，*Astrorégulateur*腕錶的上鏈和擒縱部件
均清晰可見。驟眼看來，秒針是在固定錶盤上
運轉，但當佩戴者仔細觀察下，便會發現秒針
是按照擺陀轉動。因此，擒縱部件便彷彿
形成了「錶中錶」，在上鏈裝置自由運作下，
更看似脫離了主錶盤，讓人深思擒縱裝置是
如何從主發條獲取動力的。

運轉輪系的齒輪難免受轉陀的運作所干擾，
除非能尋求抵消齒輪系中轉陀振動的方法，
否則這將成為傳送動力至擒縱裝置的一大
難題。針對這個問題，*Astrorégulateur*裝置機芯
運用了差動技術系統，以機械方式抵消了擺陀
的轉動，並確保動力可持續穩定地傳送至擒縱
裝置。位於拉夏德芳的卡地亞製錶廠花費五年

時間研發出這款全新自製機芯，並為此複雜
裝置成功申請四項專利。

這項設計不僅結構複雜，其外觀亦極具有
吸引力。*Astrorégulateur*腕錶除了與測時術和
陀飛輪技術上相關聯外，這款腕錶的美學
設計更完美傳承了神秘鐘，其指針移動看似
懸浮於錶盤上，與任何部件並無連接。

*Rotonde de Cartier Astrorégulateur*腕錶的錶殼
直徑為50毫米，並採用了卡地亞概念腕錶
*Cartier ID One*的創新材質——鈮鈦合金。此材
質能有效地抵消碰撞的影響，從而增強對機芯
的保護，而且非常輕巧，讓*Rotonde de Cartier*
*Astrorégulateur*腕錶帶來舒適的佩戴感受。

9800 MC型機芯微型擺陀
上的擒縱裝置

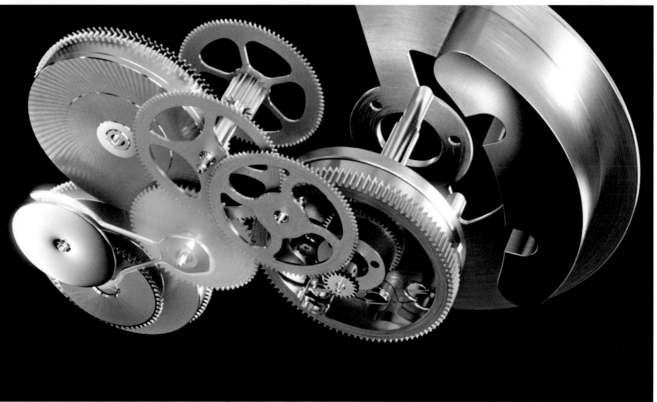

9800 MC型機芯自動上
鏈機制

II. 卡地亞鏤空複雜功能機芯9436 MC型：*ROTONDE DE CARTIER*及*CALIBRE DE CARTIER*鏤空複雜功能腕錶

9436 MC型機芯將鏤空「結構」與單按鈕計時碼錶、萬年曆、陀飛輪及八日動力儲存等複雜功能完美結合，堪稱非凡傑作。

設於9點鐘位置的陀飛輪每隔一分鐘，便會於C形錶橋下旋轉一圈。這款錶橋採用一種鏡面拋光或暗拋光的鋼件修飾技術，應用這項技術後，表面在不同角度下會呈現出全黑、全白或全灰色。這項技術全以人手完成，是高級製錶系列中最複雜的修飾工藝之一，即使輕輕沾污拋光物料（例如細微的鑽石粉末），便足以在完工後的表面上留下明顯的刮痕。鏡面拋光鋼件是一項傳統修飾工藝，應用於9436 MC型機芯的457個零件中。單是一枚機芯的修飾工作，便是逾200小時嫻熟技藝的成果。由於9436 MC型機芯採用鏤空技術，故機芯需要修飾的表面數目便相對增加，而精緻準確的修飾便成為成功打造美輪美奐鐘錶的關鍵所在。

單按鈕計時碼錶的結構是卡地亞時計的經典特色；首枚單按鈕計時碼錶早於1929年面世，當時的卡地亞計時腕錶均配搭*Tortue*錶殼。這款碼錶摒棄了錶殼外部任何冗贅的按鈕，令設計更見優雅；只需輕按錶冠便可啟動、停止或重設計時碼錶。導柱輪結構是協調各計時功能的最佳方法。儘管導柱輪的製作較為繁複，然而卻能讓操作更加順暢。導柱輪系統配合傳統橫向耦合裝置，連接主運轉輪系與計時功能，讓佩戴者可以直接透過藍寶石錶背觀見其精巧的運作。

萬年曆不僅能按月份長短顯示正確日期，更能準確地顯示閏年的二月份日期。萬年曆裝置考慮到各月份的不同日數、以及西曆四年一次的閏年週期，以配合每年合共有365.25天的實際情況，並按此每四年調節一次。9436 MC型機芯的萬年曆顯示亦可作瞬間跳轉，顯示一目了然，但由於跳轉顯示是由主發條所驅動，因此在調校鐘錶時務必倍加謹慎，以免影響鐘錶的準確性。

為清楚觀賞到機芯的細節，9436 MC型機芯特別採用手動上鏈方式（故無需擺陀），並同時配備八日動力儲存，確保日曆能夠持續運作。縱然理論上，機芯運行的時間會超於八日，但為免擷取最後的動力儲存，機芯亦搭載了停止運行裝置，確保只會用到產生最佳扭矩的主發條動力，並確保恆定振幅。9436 MC型機芯搭載於品牌兩大美學傑作：*Rotonde de Cartier*及*Calibre de Cartier*鉑金款式。

Rotonde de Cartier鏤空複雜腕錶
Rotonde de Cartier腕錶

陀飛輪，單按鈕計時功能，萬年曆和
8日動力儲存。
950/1000鉑金錶殼。
編號限量30枚。

950/1000鉑金圓珠形錶冠，鑲嵌凸圓形
藍寶石；藍寶石水晶鏡面；金錶盤；
蘋果形藍鋼指針；藍寶石錶背。直徑：
43.5毫米，厚度：16.25毫米。黑色
鱷魚皮錶帶，950/1000鉑金可調節式
雙摺疊錶扣，防水深度3巴（30米）。
卡地亞9436 MC型手動上鏈機械機芯，
獨立編號，含457個零件及37枚紅寶石
軸承。直徑：33.8毫米，厚度：10.25
毫米，擺輪振頻：每小時21,600次，
約8日動力儲存。

W1580017

III.　*ROTONDE DE CARTIER*陀飛輪單鈕計時碼錶：
9431 MC型機芯

***Rotonde de Cartier*陀飛輪單鈕計時碼錶**
*Rotonde de Cartier*腕錶

陀飛輪和單鈕計時碼錶功能。
950/1000鉑金錶殼。
編號限量50枚。

950/1000鉑金圓珠形錶冠，鑲嵌凸圓形
藍寶石；藍寶石水晶鏡面；深灰色電鍍
雕紋錶盤。劍形藍鋼指針。藍寶石錶背。
直徑：45毫米，厚度：15.7毫米。黑色
鱷魚皮錶帶，950/1000鉑金摺疊錶扣，
防水深度3巴（30米）。
卡地亞9431 MC型手動上鏈機械機芯，
獨立編號，含253個零件及25枚紅寶石
軸承。尺寸：32.3 x 32.1 毫米，厚度：
7.65毫米，擺輪振頻：每小時21,600次，
動力儲存約72小時。

W1580007

鑒於陀飛輪非常罕有，而確保計時碼錶的計時
功能的準確運作亦需解決種種技術難題，因此
計時碼錶和陀飛輪很少出現於同一枚腕錶
之中。此外，由於陀飛輪裝配了額外的框架
元件，以及其他附帶部件（擒縱輪、槓桿、
游絲及平衡擺輪），相較其他非陀飛輪腕錶，
需要從主發條中獲取更多動力，而此增加了
計時碼錶中的技術問題。基本上，計時裝置
一如碼錶，啟動後便會從腕錶的運轉輪系中
擷取所需動力，因而減低擒縱裝置可獲取的
扭矩。這通常導致擺輪振幅變小，但對調節
良好的計時碼錶而言，則將不會對腕錶的
準確度帶來太大影響。

由於啟動計時碼錶後存在扭矩不足的風險，
所以在配置陀飛輪的計時碼錶必須經過悉心
構思及調節。憑藉*Rotonde de Cartier*陀飛輪
單鈕計時碼錶，卡地亞在不影響計時功能的
情況下，完美結合了這兩項複雜裝置，成功
解決了傳統製錶的一大難題。

結合陀飛輪和計時碼錶是非常罕見的做法，
而將陀飛輪裝配於單鈕計時碼錶更是極其獨特
的嘗試；於2005年面世的9431 MC型機芯，
是首枚結合這兩項複雜裝置的腕錶機芯。

***Rotonde de Cartier*陀飛輪單鈕計時碼錶**
*Rotonde de Cartier*腕錶

陀飛輪和單鈕計時碼錶功能。
18K玫瑰金錶殼。
編號限量50枚。

18K玫瑰金圓珠形錶冠，鑲嵌凸圓形藍
寶石；藍寶石水晶鏡面；深灰色電鍍
雕紋錶盤。劍形藍鋼指針。藍寶石錶背。
直徑：45毫米，厚度：15.7毫米。棕色
鱷魚皮錶帶，18K玫瑰金摺疊錶扣，防水
深度3巴（30米）。
卡地亞9431 MC型手動上鏈機械機芯，
獨立編號，含253個零件及25枚紅寶石
軸承。尺寸：32.3 x 32.1 毫米，厚度：
7.65毫米，擺輪振頻：每小時21,600次，
動力儲存約72小時。

W1580032

IV. *PASHA DE CARTIER*八日動力儲存陀飛輪計時碼錶：
9438 MC型機芯

**Pasha de Cartier八日動力儲存陀飛輪
計時碼錶**
Pasha de Cartier腕錶

陀飛輪計時碼錶和8日動力儲存功能。
18K白金錶殼。
編號限量50枚。

18K白金凹槽錶冠，鑲嵌凸圓形藍寶石；
藍寶石水晶鏡面；深灰色電鍍雕紋錶盤；
菱形藍鋼指針；藍寶石錶背。
直徑：46毫米，厚度：15.3毫米。黑色
鱷魚皮錶帶，18K白金摺疊錶扣，防水
深度3巴（30米）。
卡地亞9438 MC型手動上鏈機械機芯，
獨立編號，含318個零件及31枚紅寶石
軸承。直徑：34.6毫米，厚度：8.15
毫米，擺輪振頻：每小時21,600次，
約8日動力儲存。

W3030013

在眾多卡地亞經典腕錶中，*Pasha*系列是較後
期加入的一員。*Tank*、*Santos*、*Cloche*、
*Baignoire*及*Tortue*系列設計早見於二十世紀
初的三十年，而首枚*Pasha*防水圓形腕錶則於
1943年面世，及後更成為*Pasha*系列設計的
靈感泉源。

如今的*Pasha*腕錶與最初的設計非常相近，
同樣配備圓形錶殼，並配備獨特的旋入式
錶冠，以及連接錶殼的短鏈。*Pasha*八日動力儲
存陀飛輪計時碼錶秉承*Pasha*系列搭載複雜功能
的傳統。而於1990年面世的*Pasha*腕錶，同時
配備手動上鏈萬年曆、三問裝置和月相顯示，
堪稱卡地亞有史以來最複雜的鐘錶之一。

*Pasha*八日動力儲存陀飛輪計時碼錶，與高級
複雜功能鏤空腕錶一樣，主發條上附帶停止
運作機制，令機芯於八天運轉週期結束後自動
停止運轉，確保只會用到某部分的主發條
扭矩，以維持最佳的計時精準度及穩定振幅。

計時裝置運用導柱輪系統，以協調計時碼錶的
啟動、掣停或重設功能，並配合傳統橫向耦合
裝置，連接主運轉輪系與計時功能，佩戴者便
可直接透過藍寶石錶背觀看其精巧的運作。
連接上鏈錶冠蓋的附鏈整合於兩個計時按鈕

下方。透過錶盤上的視窗，便可清晰觀見
陀飛輪。陀飛輪每分鐘旋轉一次，使秒針得以
固定於三臂框架的上樞軸（同時讓陀飛輪設於
一般雙錶盤計時碼錶的秒針顯示位置上）。

陀飛輪由上陀飛輪橋固定，並採用稱為暗拋光
或鏡面拋光的高級製錶系列修飾工藝，經過
多個小時逐漸細緻的拋光後，鋼件表面會形成
鏡面效果。其他的腕錶部件亦同樣經過悉心
處理，當中包括拋光精鋼發條、人手倒角打磨
夾板及錶橋，以及其他傳統高級製錶系列修飾
工藝均用於裝飾計時傳動系統的部件。至於
時針、分針、秒針、計時秒針和動力儲存顯示
亦全經人手高溫藍處理（用於高級製錶系列的
所有藍鋼指針）。

Calibre de Cartier Astrotourbillon天體運轉式陀飛輪腕錶
Calibre de Cartier腕錶

Astrotourbillon天體運轉式陀飛輪。
鈦金錶殼。
編號限量100枚。

鈦金八角形錶冠，鑲嵌琢面藍寶石；
藍寶石水晶鏡面；銀色雕紋錶盤。
劍形藍鋼指針。藍寶石錶背。直徑：
47毫米，厚度：19毫米。黑色鱷魚皮
錶帶，18K白金摺疊錶扣，防水深度
3巴（30米）。
卡地亞9451 MC型手動上鏈機械機芯，
獨立編號，含187個零件及23枚紅寶石
軸承。直徑：40.1毫米，厚度：9.01
毫米，擺輪振頻：每小時21,600次，
動力儲存約48小時。

W7100028

歷年來，卡地亞藉着造型各異的鐘錶設計、
非凡卓越的複雜功能及機械裝置，彰顯出
品牌的創新精神。卡地亞Astrotourbillon天體
運轉式陀飛輪機芯有別於傳統的陀飛輪，
呈現出與眾不同的美學效果。

在傳統的陀飛輪中，平衡擺輪的中心與陀飛輪
框架的旋轉中心置於同一軸上。由於框架每分
鐘旋轉一圈，因此指針能夠輕易地固定於
陀飛輪框架的上樞軸，從而顯示秒鐘。然而，
卡地亞Astrotourbillon天體運轉式陀飛輪機芯的
平衡擺輪便能發揮秒針的功能，每分鐘圍繞錶
盤旋轉一圈。卡地亞製錶廠花費五年時間，
克服此獨特陀飛輪的多項技術挑戰。

製作陀飛輪在過去被視為極具挑戰性的任務
（只有少數製錶工匠從事這項工作），其難度
不僅在於讓它良好運作，還要確保它能運行。
陀飛輪的框架不僅承載平衡擺輪的元件，
同時承載槓桿（或其他擒縱部件）和擒縱輪。
推動框架元件和其他承載部份的元件需要
從主發條中擷取相當多的額外動力，
以確保平衡擺輪的振幅足夠維持精準的
計時工作。故此，為了傳送足夠動力至擒縱
系統，陀飛輪的所有部件必須達致最高
精確度，以減少由摩擦引起的動力損耗。

框架及其他承載組件亦必須盡量輕巧，以降
低慣性載荷至最低水準。

透過採用極大型的陀飛輪框架，框架的中軸
成為機芯夾板的中心，展現出Astrotourbillon
天體運轉式陀飛輪腕錶獨特的美學效果。分針
和時針與框架（充當秒針，每分鐘旋轉一圈）
均置於同一軸上。在傳統陀飛輪中，平衡擺輪
軸設於框架的旋轉中心，而於Astrotourbillon
天體運轉式陀飛輪機芯的平衡擺輪則安裝於
框架的其中一個臂尾上。分層錶盤遮蓋了
大部份的框架，唯一可見的組件是平衡擺輪，
每六十秒圍繞錶盤轉動一周。

Astrotourbillon天體運轉式陀飛輪機芯的特大
框架便採用多項創新機械技術打造而成。
其中，框架採用鈦金屬製成，其低密度及較高
硬度特性均非常切合製錶的需要，而整個框架
的總重量則僅為0.39克（不包括設於平衡擺輪
對面、隱藏於上錶盤底部的鉑金平衡錘）。
為確保陀飛輪的穩定動力，框架必須與裝配於
腕錶主夾板上、運轉輪系的第四固定齒輪完全
同軸；因此，在進行最後組裝前，整個機芯已
預先裝配，並確保這兩個主要部件均處於同軸
位置。為讓陀飛輪腕錶達到預期的精準計時
性能，擒縱裝置將通過兩次調試，首次於

未裝配陀飛輪的機芯中測試；之後再設置於腕錶作最後調節及校準。

*Astrotourbillon*天體運轉式陀飛輪機芯的堅固結構大大降低外力撞擊所帶來的影響。根據國際標準，抗震鐘錶需承受相當於3,000克的瞬間減速力，亦即相等於腕錶從一米高處掉落實木地板的衝擊力。儘管卡地亞並未將*Astrotourbillon*天體運轉式陀飛輪腕錶納入運動腕錶之列，但其抗震力卻高達5,000克。

對鑒賞家而言，如何區分*Astrotourbillon*天體運轉式陀飛輪腕錶是個有趣的問題。陀飛輪可分為兩款基本設計：第一款的平衡擺輪和第四固定齒輪均處於同軸位置；然而「卡羅素陀飛輪」兩個的同樣部件則並非置於同一軸上。由於*Astrotourbillon*天體運轉式陀飛輪機芯亦配有框架，其旋轉軸置於機芯中央，故這款機芯更適合稱為「中央卡羅素陀飛輪」，屬最罕有的陀飛輪種類之一。有著革新設計的陀飛輪框架，分別搭載於經典的*Rotonde de Cartier*玫瑰金與白金腕錶，以及*Calibre de Cartier*鈦金屬運動腕錶，讓佩戴者細賞其精緻美態。

*Rotonde de Cartier Astrotourbillon*天體運
轉式陀飛輪腕錶
*Rotonde de Cartier*腕錶

*Astrotourbillon*天體運轉式陀飛輪。
18K白金錶殼。

18K白金圓珠形錶冠，鑲嵌凸圓形藍寶石；
藍寶石水晶鏡面；銀色雕紋錶盤。劍形
藍鋼指針。藍寶石錶背。直徑：47毫米，
厚度：15.5毫米。黑色鱷魚皮錶帶，18K
白金摺疊錶扣，防水深度3巴（30米）。
卡地亞9451 MC型手動上鏈機械機芯，
獨立編號，含187個零件及23枚紅寶石
軸承。直徑：40.1毫米，厚度：9.01
毫米，擺輪振頻：每小時21,600次，
動力儲存約48小時。

W1556204

*Rotonde de Cartier Astrotourbillon*天體運
轉式陀飛輪腕錶
*Rotonde de Cartier*腕錶

*Astrotourbillon*天體運轉式陀飛輪。
18K玫瑰金錶殼。

18K玫瑰金圓珠形錶冠，鑲嵌凸圓形
藍寶石；藍寶石水晶鏡面；銀色雕紋
錶盤。劍形藍鋼指針。藍寶石錶背。
直徑：47毫米，厚度：15.5毫米。
棕色鱷魚皮錶帶，18K玫瑰金摺疊錶扣，
防水深度3巴（30米）。
卡地亞9451 MC型手動上鏈機械機芯，
獨立編號，含187個零件及23枚紅寶石
軸承。直徑：40.1毫米，厚度：9.01
毫米，擺輪振頻：每小時21,600次，
動力儲存約48小時。

W1556205

VI. 浮動式陀飛輪鏤空腕錶：9455 MC型及9457 MC型機芯：
ROTONDE DE CARTIER浮動式陀飛輪羅馬數字鏤空腕錶及PASHA浮動式陀飛輪阿拉伯數字鏤空腕錶

Pasha de Cartier浮動式陀飛輪鏤空腕錶
Pasha de Cartier腕錶

搭載浮動式陀飛輪，阿拉伯數字造形鏤空錶橋。
18K白金錶殼。
編號限量100枚。

18K白金凹槽錶冠，鑲嵌凸圓形藍寶石；
藍寶石水晶鏡面；機芯錶橋組成錶盤上
阿拉伯數字時刻；劍形藍鋼指針；藍寶石
錶背。直徑：42毫米，厚度：10.1毫米。
黑色鱷魚皮錶帶，18K白金摺疊錶扣，
防水深度3巴（30米）。
卡地亞9457 MC型手動上鏈機械機芯，
鐫刻日內瓦優質印記，獨立編號，含175
個零件及19枚紅寶石軸承。直徑：33.5
毫米，厚度：5.48毫米，擺輪振頻：
每小時21,600次，動力儲存約50小時。

W3030021

卡地亞採用浮動式陀飛輪搭載於鏤空陀飛輪
機芯。由於在傳統的陀飛輪中，錶橋均局部
遮擋陀飛輪，故讓人無法欣賞其完整運轉，
然而浮動式陀飛輪卻不存在這個問題，故其精
緻美態亦成為它存在的主因。為了製作適合
浮動式陀飛輪的佈幕，卡地亞打造了其最引人
注目的鏤空機芯：9455 MC型及9457 MC型
機芯。這兩款機芯並分別搭載於Rotonde de
Cartier及Pasha浮動式陀飛輪鏤空腕錶。

卡地亞浮動式陀飛輪鏤空腕錶展現出鏤空機芯
工藝的主要特色：透明度。創作鏤空機芯的
大難題是將剩餘的部件數量減至最少，同時
保持結構完整，以確保機芯運作正常。從計時
角度看，相對堅固的結構是理想的做法，然而
製作鏤空機芯時卻主張減少部件以提升視覺
效果。故此，工匠打造鏤空機芯時必須在這兩
項矛盾間取得平衡。

搭載鏤空機芯的浮動式陀飛輪腕錶結合了高級
鐘錶的兩大非凡工藝，兩者不但相輔相成，
更展示出極高的製錶造詣──精巧通透的鏤空
機芯，配合簡潔精緻的浮動式陀飛輪，營造出
獨一無二的視覺效果。

Rotonde de Cartier浮動式陀飛輪鏤空腕錶搭載
9455 MC型機芯，這款機芯設計靈感來自獲
日內瓦優質印記的9452 MC型浮動式陀飛輪
機芯。日內瓦優質印記對修飾工藝訂立了
嚴格要求，以確保鏤空機芯的各個結構細節
完美無瑕，而腕錶零件必須全無遮擋。由於
鏤空過程亦會產生出大量額外需精心修飾的
錶面，故此工匠在創作時必須倍加謹慎。
Rotonde de Cartier浮動式陀飛輪鏤空機芯呈羅
馬數字形狀，使錶盤與機芯融為一體。

與 Rotonde de Cartier浮動式陀飛輪鏤空腕錶
同樣卓越的錶款，還有Pasha浮動式陀飛輪
鏤空腕錶。

Pasha浮動式陀飛輪鏤空腕錶採用了方形內上
錶橋，以及三個特大阿拉伯數字，在造型上
形成強烈對比。Pasha 9457 MC型機芯亦達致
最高修飾標準。所有運轉輪系的零件、組成
陀飛輪框架上端的鏡面拋光卡地亞「C」字型
零件、以及用於上鏈和設定的齒輪蓋，均展
現出日內瓦優質印記完美製錶工藝的堅持。

_Rotonde de Cartier_浮動式陀飛輪鏤空腕錶
_Rotonde de Cartier_腕錶

搭載浮動式陀飛輪，羅馬數字形鏤空
錶橋。
18K白金錶殼。
編號限量100枚。

18K白金圓珠形錶冠，鑲嵌凸圓形藍寶石；
藍寶石水晶鏡面；機芯錶橋組成錶盤上羅
馬數字時刻。劍形藍鋼指針。藍寶石
錶背。直徑：45毫米，厚度：12.35
毫米。黑色鱷魚皮錶帶，18K白金摺疊錶
扣，防水深度3巴（30米）。
卡地亞9455 MC型手動上鏈機械機芯，
鑴刻日內瓦優質印記，獨立編號，
含165個零件及19枚紅寶石軸承。
直徑：35.5毫米，厚度：5.63毫米，
擺輪振頻：每小時21,600次，動力儲
存約50小時。

W1580031

VII. 卡地亞浮動式陀飛輪9452 MC型機芯

*Ballon Bleu de Cartier*浮動式陀飛輪腕錶
*Ballon Bleu de Cartier*腕錶

浮動式陀飛輪，C字形陀飛輪框架兼具
秒鐘顯示功能。
18K白金錶殼。

18K白金圓珠形錶冠，鑲嵌凸圓形藍寶石；
藍寶石水晶鏡面；深灰色電鍍雕紋錶盤。
劍形藍鋼指針。藍寶石錶背。直徑：
46毫米，厚度：12.9毫米。黑色鱷魚皮
錶帶，18K白金摺疊錶扣，防水深度
3巴（30米）。
卡地亞自製9452 MC型手動上鏈機械
機芯，鐫刻日內瓦優質印記，獨立編號，
含142個零件及19枚紅寶石軸承。直徑：
24.5毫米，厚度：5.45毫米，擺輪振頻：
每小時21,600次，動力儲存約50小時。

W6920021

浮動式陀飛輪9452 MC型機芯是卡地亞製錶
歷史的重要里程碑。此榮獲著名「日內瓦優質
印記」（Poinçon de Genève）的自製陀飛輪，
不僅延續了路易·卡地亞自二十世紀初的願景，
更為卡地亞奠定其高級製錶品牌的地位，藉著
融合精湛製錶工藝和經典修飾技術，展現出
卡地亞獨特的美學傳統。

9452 MC型機芯亦是卡地亞首枚獲「日內瓦優
質印記」的機芯。機芯必須產於日內瓦州內，
其構造和修飾必須達到特定的標準。才能獲得
日內瓦優質印記。印記圖案為日內瓦州盾形
紋章，並由隸屬於日內瓦製錶學校（Geneva
Watchmaking School）的獨立檢查機構負責
監管。「日內瓦優質印記」旨在證明機芯的
原產地，以及高度的製錶水準。早於1886年，
日內瓦製錶學校以被授權檢測並為機芯頒發
「日內瓦優質印記」。今年2011年，「日內瓦
優質印記」迎來其125周年紀念。

運轉輪系的珠寶鑲嵌是「日內瓦優質印記」
規程的其中一項要求，規訂所有珠寶需鑲嵌於
拋光錐口鑽頭；運轉輪應上下倒角並帶拋光
槽口；候選機芯亦不得使用彈簧發條。日內瓦
優質印記對機芯構造和修飾的要求更為嚴苛，

例如，禁止彈簧發條的規定，意味著機芯必須
以外形完美的回火拋光鋼發條代替。

陀飛輪是一項鮮見的複雜功能，浮動式陀飛輪
更是罕有。9452 MC型機芯並沒有搭載上
錶橋，整個框架由主夾板的單軸支撐。框架呈
卡地亞「C」字型，每分鐘旋轉一圈，作秒針顯
示之用。

9452 MC型浮動式陀飛輪機芯可見於*Ballon
Bleu de Cartier*、*Tank Américaine*、*Santos 100*
及*Calibre de Cartier*腕錶中，這項標誌性的複雜
功能，充分反映卡地亞對「高級製錶」的承諾。

Ballon Bleu de Cartier浮動式陀飛輪腕錶
Ballon Bleu de Cartier腕錶

浮動式陀飛輪，C字形陀飛輪框架兼具
秒鍾顯示功能。
18K玫瑰金錶殼。

18K玫瑰金圓珠形錶冠，鑲嵌凸圓形
藍寶石；藍寶石水晶鏡面；深灰色電鍍
雕紋錶盤。劍形藍鋼指針。藍寶石錶背。
直徑：46毫米，厚度：12.9毫米。棕色
鱷魚皮錶帶，18K玫瑰金摺疊錶扣，防水
深度3巴（30米）。
卡地亞自製9452 MC型手動上鏈機械
機芯，鑴刻日內瓦優質印記，獨立編號，
含142個零件及19枚紅寶石軸承。直徑：
24.5毫米，厚度：5.45毫米，擺輪振頻：
每小時21,600次，動力儲存約50小時。

W6920001

Calibre de Cartier浮動式陀飛輪腕錶
Calibre de Cartier腕錶

浮動式陀飛輪，C字形陀飛輪框架兼具秒
鐘顯示功能。
18K白金錶殼。

18K白金八角形錶冠，鑲嵌琢面藍寶石；
藍寶石水晶鏡面；深灰色電鍍雕紋錶盤。
劍形藍鋼指針。藍寶石錶背。直徑：45
毫米，厚度：10.8毫米。黑色鱷魚皮
錶帶，18K白金摺疊錶扣，防水深度3巴
（30米）。
卡地亞自製9452 MC型手動上鏈機械
機芯，鐫刻日內瓦優質印記，獨立編號，
含142個零件及19枚紅寶石軸承。直徑：
24.5毫米，厚度：5.45毫米，擺輪振頻：
每小時21,600次，動力儲存約50小時。

W7100003

Calibre de Cartier浮動式陀飛輪腕錶
Calibre de Cartier腕錶

浮動式陀飛輪，C字形陀飛輪框架兼具
秒鐘顯示功能。
18K玫瑰金錶殼。

18K玫瑰金八角形錶冠，鑲嵌琢面藍寶石；
藍寶石水晶鏡面；深灰色電鍍雕紋錶盤。
劍形藍鋼指針。藍寶石錶背。直徑：45
毫米，厚度：10.8毫米。棕色鱷魚皮
錶帶，18K玫瑰金摺疊錶扣，防水深度3巴
（30米）。
卡地亞自製9452 MC型手動上鏈機械
機芯，鐫刻日內瓦優質印記，獨立編號，
含142個零件及19枚紅寶石軸承。直徑：
24.5毫米，厚度：5.45毫米，擺輪振頻：
每小時21,600次，動力儲存約50小時。

W7100002

Santos 100浮動式陀飛輪腕錶
Santos 100腕錶

浮動式陀飛輪，C字形陀飛輪框架兼具
秒鐘顯示功能。
18K玫瑰金錶殼。

18K玫瑰金八角形錶冠，鑲嵌琢面藍寶石；
藍寶石水晶鏡面；深灰色電鍍雕紋錶盤；
劍形藍鋼指針。藍寶石錶背。尺寸：46.5
x 54.9毫米，厚度：16.5毫米。棕色
鱷魚皮錶帶，18K玫瑰金錶扣，防水深度
3巴（30米）。
卡地亞自製9452 MC型手動上鏈機械
機芯，鐫刻日內瓦優質印記，獨立編號，
含142個零件及19枚紅寶石軸承。直徑：
24.5毫米，厚度：5.45毫米，擺輪振頻：
每小時21,600次，動力儲存約50小時。

W2020019

Santos 100浮動式陀飛輪腕錶
Santos 100腕錶

浮動式陀飛輪，C字形陀飛輪框架兼具
秒鐘顯示功能。
18K白金錶殼。

18K白金八角形錶冠，鑲嵌琢面藍寶石；
藍寶石水晶鏡面；深灰色電鍍雕紋錶盤；
劍形藍鋼指針。藍寶石錶背。尺寸：46.5
x 54.9毫米，厚度：16.5毫米。黑色
鱷魚皮錶帶，18K白金錶扣，防水深度
3巴（30米）。
卡地亞自製9452 MC型手動上鏈機械
機芯，鐫刻日內瓦優質印記，獨立編號，
含142個零件及19枚紅寶石軸承。直徑：
24.5毫米，厚度：5.45毫米，擺輪振頻：
每小時21,600次，動力儲存約50小時。

W2020017

Tank Américaine浮動式陀飛輪腕錶
Tank Américaine腕錶

浮動式陀飛輪，C字形陀飛輪框架兼具
秒鐘顯示功能。
18K白金錶殼。

18K白金八角形錶冠，鑲嵌琢面藍寶石；
礦石鏡面；深灰色電鍍雕紋錶盤；劍形藍
鋼指針。藍寶石錶背。尺寸：35.8 x 52
毫米，厚度：13.3毫米。黑色鱷魚皮
錶帶，18K白金摺疊錶扣，防水深度3巴
（30米）。
卡地亞自製9452 MC型手動上鏈機械
機芯，鐫刻日內瓦優質印記，獨立編號，
含142個零件及19枚紅寶石軸承。直徑：
24.5毫米，厚度：5.45毫米，擺輪振頻：
每小時21,600次，動力儲存約50小時。

W2620007

*Tank Américaine*浮動式陀飛輪腕錶
*Tank Américaine*腕錶

浮動式陀飛輪，C字形陀飛輪框架兼具秒
鐘顯示功能。
18K玫瑰金錶殼。

18K玫瑰金八角形錶冠；礦石鏡面；
深灰色電鍍雕紋錶盤；劍形藍鋼指針。
藍寶石錶背。尺寸：35.8 x 52毫米，
厚度：13.3毫米。棕色鱷魚皮錶帶，
18K玫瑰金摺疊錶扣，防水深度3巴
（30米）。
卡地亞自製9452 MC型手動上鏈機械
機芯，鐫刻日內瓦優質印記，獨立編號，
含142個零件及19枚紅寶石軸承。直徑：
24.5毫米，厚度：5.45毫米，擺輪振頻：
每小時21,600次，動力儲存約50小時。

W2620008

*Tortue*萬年曆腕錶
*Tortue*腕錶

萬年曆。
18K白金錶殼。

18K白金八角形錶冠，鑲嵌琢面藍寶石；
礦石鏡面；深灰色鏤空錶盤；蘋果形藍鋼
指針；藍寶石錶背。尺寸：45.6 x 51
毫米，厚度：16.8毫米。黑色鱷魚皮
錶帶，18K白金摺疊錶扣，防水深度3巴
（30米）。
卡地亞9422 MC型自動上鏈機械機芯，
獨立編號，含293個零件及33枚紅寶石
軸承。直徑：32毫米，厚度：5.88毫米，
擺輪振頻：每小時28,800次，動力儲存約
52小時。

W1580004

自行研發的9422 MC型萬年曆機芯延續了複雜
製錶的悠久傳統。卡地亞打造過不少巧奪天工
的複雜功能時計，例如著名的*Tortue*單按鈕計時
碼錶、超薄三問懷錶、世界時間複雜功能錶，
以及特別訂製的複雜功能錶，包括於1926年
為出色的帆船運動員William B. Leeds設計的仿
船鐘報時的「航海鐘」（Marine Repeater）懷錶。

萬年曆被視為三大「重要複雜功能」之一。
萬年曆確保鐘錶在格列高里曆（以教宗格裏高
裏十三世命名，並由他於1582年2月正式
頒佈）結構下，能夠適應日曆年的不同長度。

西曆更正了早期儒略曆的誤差，改為按太陽年
的365.25天（約數）制定。因此，西曆每四年
便會加入二月二十九日這個日子，以彌補其他
日曆年中多出的四分之一天。此曆法的好處在
於日曆可根據四年一閏的基本原則作出校正。

萬年曆不僅能校正閏年，更帶有記錄全年各月
正確日數的程式，不論日曆月的長短，均可
免去人手更正日期的做法。簡單的日曆錶必須
依仗人手重設任何少於31天的月份，年曆亦
必須於閏年重設，而萬年曆則從來不需重設
（唯一例外是可以100或400整除的年份，
因為按每年365.25天計算會出現分鐘誤差，
其實際數值應為365.24219天）。

萬年曆的運轉輪系以地球圍繞太陽運轉的週期
為基礎，因而萬年曆亦被視為天文及日曆複雜
功能。

9422 MC型萬年曆機芯是一枚手動上鏈機芯，
其日曆顯示清晰易讀且耀眼奪目。*Tortue*萬年
曆腕錶的指針均以火焰藍鋼製成。閏年及月份
一同顯示於12點位置的小錶盤，月份則由尖端
成T字型的指針指示。日期顯示於錶盤圓周的
數位軌道（由於日期顯示與時針和分針同軸，
因此需要運用更複雜的技術）。星期則顯示於
錶盤下半部弧形部分，飛返指針設於6點位置。
機芯採用的中央日期及飛返日期顯示，不單易
於閱讀，更為錶盤帶來動感氣質。

除*Tortue*錶款外，卡地亞於2011年推出*Calibre
de Cartier*萬年曆腕錶，在*Calibre de Cartier*錶殼
內搭載自製9422 MC型機芯，並配備全新錶盤，
突出原結構的優雅氣質和易辨讀性。

*Calibre de Cartier*萬年曆腕錶一改*Tortue*萬年曆
腕錶的開放式錶盤結構及較傳統的設計，轉而
採用閉合式錶盤設計，且更以耀目的紅色點綴
日曆顯示，確保這枚複雜功能腕錶的顯示一目
了然。

Tortue萬年曆腕錶
Tortue腕錶

萬年曆。
18K玫瑰金錶殼。

18K玫瑰金八角形錶冠，鑲嵌琢面藍寶石；
礦石鏡面；深灰色鏤空錶盤；蘋果形
指針；藍寶石錶背。尺寸：45.6 x 51
毫米，厚度：16.8毫米。棕色鱷魚皮
錶帶，18K玫瑰金摺疊錶扣，防水深度
3巴（30米）。
卡地亞9422 MC型自動上鏈機械機芯，
獨立編號，含293個零件及33枚紅寶石
軸承。直徑：32毫米，厚度：5.88毫米，
擺輪振頻：每小時28,800次，動力儲存約
52小時。

W1580003

Tortue萬年曆腕錶
*Tortue*腕錶

萬年曆。
18K玫瑰金錶殼。

18K玫瑰金八角形錶冠，鑲嵌琢面藍寶石；
礦石鏡面；白色鍍銀雕紋錶盤；蘋果形藍
鋼指針；藍寶石錶背。尺寸：45.6 x 51毫
米，厚度：16.8毫米。棕色鱷魚皮
錶帶，18K玫瑰金摺疊錶扣，防水深度
3巴（30米）。
卡地亞9422 MC型自動上鏈機械機芯，
獨立編號，含293個零件及33枚紅寶石
軸承。直徑：32毫米，厚度：5.88毫米，
擺輪振頻：每小時28,800次，動力儲存約
52小時。

W1580045

*Calibre de Cartier*萬年曆腕錶
*Calibre de Cartier*腕錶

萬年曆。
18K白金錶殼。

18K白金八角形錶冠，鑲嵌琢面藍寶石；
藍寶石水晶鏡面；深灰色電鍍雕紋錶盤；
劍形藍鋼指針；藍寶石錶背。直徑：42
毫米，厚度：16.5毫米。黑色鱷魚皮
錶帶，18K白金摺疊錶扣，防水深度
3巴（30米）。
卡地亞9422 MC型自動上鏈機械機芯，
獨立編號，含293個零件及33枚紅寶石
軸承。直徑：32毫米，厚度：5.88毫米，
擺輪振頻：每小時28,800次，動力儲存約
52小時。

W7100030

*Calibre de Cartier*萬年曆腕錶
*Calibre de Cartier*腕錶

萬年曆。
18K玫瑰金錶殼。

18K玫瑰金八角形錶冠，鑲嵌琢面藍寶石；
藍寶石水晶鏡面；深灰色電鍍雕紋錶盤；
劍形藍鋼指針；藍寶石錶背。
直徑：42毫米，厚度：16.5毫米。棕色
鱷魚皮錶帶，18K玫瑰金摺疊錶扣，防水
深度3巴（30米）。
卡地亞9422 MC型自動上鏈機械機芯，
獨立編號，含293個零件及33枚紅寶石
軸承。直徑：32毫米，厚度：5.88毫米，
擺輪振頻：每小時28,800次，動力儲存約
52小時。

W7100029

IX. 卡地亞CALIBRE DE CARTIER多時區腕錶：
9909 MC型機芯

Calibre de Cartier多時區腕錶
Calibre de Cartier腕錶

24座城市顯示盤，夏令時間顯示，
時差和晝夜指示。
18K白金錶殼。

18K白金八角形錶冠，鑲嵌琢面藍寶石；
藍寶石水晶鏡面；深灰色電鍍雕紋上
錶盤；銀色下錶盤；劍形藍鋼指針。藍寶
石錶背。直徑：45毫米，厚度：17.4
毫米。黑色鱷魚皮錶帶，18K白金摺疊
錶扣，防水深度3巴（30米）。
卡地亞9909 MC型自動上鏈機械機芯，
獨立編號，含287個零件及27枚紅寶石
軸承。直徑：35.1毫米，厚度：6.68
毫米，擺輪振頻：每小時28,800次，
動力儲存約48小時。

W7100026

世界時間或多時區腕錶均有着最實用的複雜
功能，卻同時有一個共通的缺點，便是不能
調節夏冬令時間（有時稱為日光節約時間）的
變化。卡地亞Calibre de Cartier多時區腕錶是
一枚配搭多時區功能的時計，不僅能夠正確顯
示本地及出發地時間，更能按夏冬令時間自動
調校本地時區的變化。

在製錶歷史中，多時區鐘錶及世界時間鐘錶
原來有著截然不同的起源。早期於歐洲製作的
世界時間鐘錶可追溯至17世紀初。大型天文鐘
（例如設於法國貝桑松（Besançon）主教座堂
內的那座）一般配搭顯示全球不同城市時間的
錶盤。多時區腕錶最初並無特定的規律性，
直至較近期的製錶史上，由於興建國家鐵路
開始採用時區系統的關係，多時區時鐘才逐漸
獲更廣泛使用。

首個使用單一時間標準的鐵路系統源於
英國。1847年，英國鐵路採用了格林威治標
準時間（於17世紀創立的航行時間標準），
及後被稱為「鐵路時間」（Railway Time）。
首個現代時區系統於1884年獲國際子午線會議
（International Meridian Conference）採納。鑒
於跨境鐵路擴展迅速，加上解決了電報這另一
項先進發展的技術難題，時區系統遂應運而生。
電報使時間訊號能夠從一個中心位置瞬間傳遞

至整個鐵路網絡。1852年，時間訊號便首度從
格林威治皇家天文台傳送。

在第二次世界大戰將近結束時，乘坐飛機已經
十分普遍，對機組人員、客艙服務員和旅客
而言，一枚能夠同時顯示出發地和本地時間的
腕錶作用甚大，因它可應對在長途飛行後的
時區變動。然而，世界時間腕錶仍存在缺陷，
就是不能處理現代計時的另一問題：夏冬令
時間，或稱為日光節約時間。此系統的現代版
本由新西蘭昆蟲學家 George Vernon Hudson 於
1895年首創，旨在於春夏季期間調快時鐘
一小時，以增加午後日光時間。然而，日光節
約時間系統一直備受爭議，且並非世界通行，
因此旅客調節不同時區時會遇上更大難題，
例如北美洲和歐洲不少地區均採用夏冬令時間
系統，但大部份非洲、亞洲及南美洲國家則未
有採納。

卡地亞Calibre de Cartier多時區腕錶可自動調節
本地時間的夏冬令變化，並透過時差指示器顯
示出發地和本地時間相差的小時數目。此外，
時差指示器與城市顯示盤同步，可自動調節
夏令或冬令時間。

為使傳統設計的世界時間腕錶能處理夏冬令
時間，腕錶必須各安裝一個夏令和冬令的城市

顯示盤，但這不僅會影響讀取度，而且並不美觀。卡地亞*Calibre de Cartier*多時區腕錶巧妙地將各時區的參考城市名字置於平圓柱的垂直壁，並可以錶殼側的藍寶石視窗觀看，有效解決了上述問題。此設計亦有其他優點，例如在讀取出發地和本地時間顯示時更為方便，而錶盤亦有足夠空間設置飛返時區時差指示器。而設計最重要的優點，便是為兩套設有24個參考城市的標示提供足夠的位置，分別顯示夏令或冬令時間。

出發地和本地時間、城市圓柱及時差顯示均可獨立設置，以協調所有功能，只有按下單鈕便可設定本地時間。

佩戴者只需運用設於錶冠的按鈕，便能將城市圓柱上的參考城市轉換至目的地時區的參考城市，本地時間指示器會自動調節至正確的本地時間，而時差顯示亦會自動標示出本地和出發地時區的實際時差。

卡地亞*Calibre de Cartier*多時區腕錶不僅讀時清晰，且容易使用；而其獨特的時差指示器更能顯示出發地和本地時間的時差，故非常適合旅客佩戴。搭載於卡地亞*Calibre de Cartier*錶殼的卡地亞9909 MC型機芯，充份彰顯出卡地亞複雜製錶的非凡工藝。

Calibre de Cartier多時區腕錶
Calibre de Cartier腕錶

24座城市顯示盤，夏令時間顯示，
時差和晝夜指示。
18K玫瑰金錶殼。

18K玫瑰金八角形錶冠，鑲嵌琢面藍寶石；
藍寶石水晶鏡面；深灰色電鍍雕紋上
錶盤；銀色下錶盤；劍形藍鋼指針。藍寶
石錶背。直徑：45毫米，厚度：17.4
毫米。棕色鱷魚皮錶帶，18K玫瑰金摺疊
錶扣，防水深度3巴（30米）。
卡地亞9909 MC型自動上鏈機械機芯，
獨立編號，含287個零件及27枚紅寶石
軸承。直徑：35.1毫米，厚度：6.68
毫米，擺輪振頻：每小時28,800次，
動力儲存約48小時。

W7100025

*Calibre de Cartier*中央區顯示計時功能
碼錶
*Calibre de Cartier*腕錶

中央區顯示計時功能碼錶功能。
18K玫瑰金錶殼。

18K玫瑰金八角形錶冠，鑲嵌琢面藍寶石；
藍寶石水晶鏡面；深灰色電鍍雕紋錶盤。
劍形藍鋼指針。藍寶石錶背。直徑：45
毫米，厚度：13.3毫米。棕色鱷魚皮
錶帶，18K玫瑰金摺疊錶扣，防水深度
3巴（30米）。
卡地亞9907 MC型手動上鏈機械機芯，
獨立編號，含227個零件及35枚紅寶石
軸承。直徑：25.6毫米，厚度：7.10
毫米，擺輪振頻：每小時28,800次，
動力儲存約50小時。

W7100004

卡地亞製作的每項腕錶複雜功能均別具一格，
然而所貫徹的創作精神卻如出一轍。卡地亞
藉著9907 MC型機芯，讓這款計時碼錶呈現出
非常獨特的錶盤結構。大部份計時碼錶的時針
和分針難免會與計時指針重疊，但9907 MC型
機芯卻採用了獨特的雙錶盤系統，讓佩戴者
不論在任何情況下均可清晰讀時。

儘管計時碼錶現已非常普及，並研製出不同的
結構模式，但在歷史上計時碼錶一直被視為
製作最艱巨的複雜功能之一，亦是最後一款
成功研製的主要複雜功能。直至1800年，
萬年曆、三問報時、時間等式等複雜功能相繼
面世，但首枚計時碼錶卻直至1820年代才正式
投產。卡地亞因早期創作的計時碼錶而備受
注目，例如1920年代著名的*Tortue*單按鈕計時
碼錶。最早期的計時碼錶又稱為「墨水」計時
碼錶，因一小滴墨水會落在錶盤上，以標示
運行時間。懷錶是第一代可攜式計時碼錶，
其系統仍獲沿用至今，當中包括操作啟動、
掣停及重設功能的導柱輪（或離合輪），以及
用作連接或脫離計時輪系及運轉輪系的橫向
離合系統。

9907 MC型機芯將新舊計時碼錶的控制系統完
美融合，機芯同時採用協調計時碼錶功能的

導柱輪，以及近期研製的垂直離合系統，以便
連接計時輪系及運轉輪系。

機芯摒棄了舊式的橫向耦合裝置（以兩套齒輪
橫向連接），改為採用垂直離合系統（運用
兩塊夾板所產生的摩擦力，以連接計時輪系和
運轉輪系）。垂直離合系統有着多項優點，
首先，它所需的部件較少（例如免卻使用橫向
耦合裝置的制動桿和閉塞桿）。另外，由於
離合系統以摩擦力主導，因此啟動計時碼
錶後，計時秒針便不會「跳動」，這是橫向
離合系統所不能避免的。最後，垂直離合系統
的平衡振頻跌幅較少，這不僅有助準確計時，
更方便執行時間較長的計時工作。

*Rotonde de Cartier*中央計時碼錶最矚目的革新
設計，必然是雙錶盤系統。火焰藍鋼時針和
分針置於錶盤下層，而中央計時秒針及分鐘
盤則設於另一個中央錶盤，此藍寶石錶盤懸浮
於另一錶盤之上，仿如浮動於半空之中，
直教人聯想起卡地亞著名的神秘鐘。

踏入2011年，卡地亞隆重推出*Calibre de
Cartier*中央計時碼錶，其計時按鈕嵌入於錶冠
護肩之中。*Calibre de Cartier*錶殼亦採用了中央
計時配置，其紅色雙端計時分針設置於*Rotonde*

de Cartier中央區顯示計時功能碼錶的錶盤上。儘管錶盤的指針及配置不盡相同，*Calibre de Cartier*中央計時碼錶卻與*Rotonde de Cartier*中央計時碼錶有着相同的功能，提供清楚可辨的時間和計時顯示。

藉著推出這兩款時計，卡地亞9907 MC型機芯再次成功演繹出傳統計時碼錶複雜功能的非凡精髓。

9907 MC型計時裝置的細節圖：
導柱輪，垂直離合器,線形錘

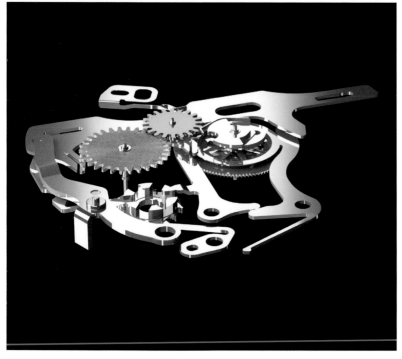

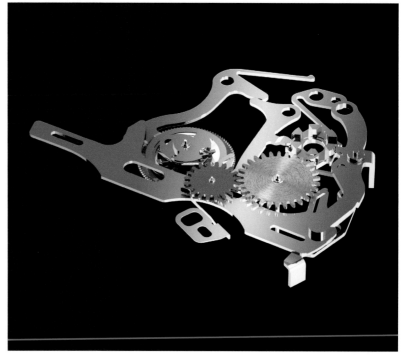

*Calibre de Cartier*中央區顯示計時功能
碼錶
*Calibre de Cartier*腕錶

中央區顯示計時功能碼錶功能。
18K白金錶殼。

18K白金八角形錶冠，鑲嵌琢面藍寶石；
藍寶石水晶鏡面；深灰色電鍍雕紋錶盤。
劍形藍鋼指針。藍寶石錶背。直徑：
45毫米，厚度：13.3毫米。黑色鱷魚皮
錶帶，18K白金摺疊錶扣，防水深度
3巴（30米）。
卡地亞9907 MC型手動上鏈機械機芯，
獨立編號，含227個零件及35枚紅寶石
軸承。直徑：25.6毫米，厚度：7.10
毫米，擺輪振頻：每小時28,800次，
動力儲存約50小時。

W7100005

*Rotonde de Cartier*中央區顯示計時功能
碼錶
*Rotonde de Cartier*腕錶

中央區顯示計時功能碼錶功能。
18K白金錶殼。

18K白金圓珠形錶冠，鑲嵌凸圓形藍寶石；
藍寶石水晶鏡面；銀色和深灰色錶盤。
劍形藍鋼指針。藍寶石錶背。直徑：42
毫米，厚度：14.2毫米。黑色鱷魚皮
錶帶，18K白金摺疊錶扣，防水深度
3巴（30米）。
卡地亞9907 MC型手動上鏈機械機芯，
獨立編號，含227個零件及35枚紅寶石
軸承。直徑：25.6毫米，厚度：7.10
毫米，擺輪振頻：每小時28,800次，
動力儲存約50小時。

W1556051

Rotonde de Cartier中央區顯示計時功能碼錶
Rotonde de Cartier腕錶

中央區顯示計時功能碼錶功能。
18K玫瑰金錶殼。

18K玫瑰金圓珠形錶冠，鑲嵌凸圓形
藍寶石；藍寶石水晶鏡面；銀色和深灰色
錶盤。劍形藍鋼指針。藍寶石錶背。
直徑：42毫米，厚度：14.2毫米。棕色
鱷魚皮錶帶，18K玫瑰金摺疊錶扣，防水
深度3巴（30米）。
卡地亞9907 MC型手動上鏈機械機芯，
獨立編號，含227個零件及35枚紅寶石
軸承。直徑：25.6毫米，厚度：7.10
毫米，擺輪振頻：每小時28,800次，
動力儲存約50小時。

W1555951

羅馬數字形鏤空錶橋指示小時和分鐘。
鈦金和ADLC碳鍍層錶殼。

黑色鈦金八角形錶冠，鑲嵌黑色琢面合成
尖晶石；藍寶石水晶鏡面；錶盤上羅馬
數字由機芯錶橋組成。銠鍍黃銅劍形
指針。藍寶石錶背。尺寸：38.7 x 47.4
毫米，厚度：9.4毫米。黑色鱷魚皮
錶帶，18K白金和ADLC碳鍍層摺疊錶扣，
防水深度3巴（30米）。
卡地亞自製9612 MC型手動上鏈機械
機芯，獨立編號，含138個零件及20枚
紅寶石軸承。尺寸：28.6 x 28.6毫米，
厚度：3.97毫米，擺輪振頻：每小時
28,800次，動力儲存約72小時。

W2020052

*Santos 100*鏤空腕錶和*Santos-Dumont*鏤空腕
錶是卡地亞最新的腕錶系列型號。它的歷史可
追溯至卡地亞最早期的腕錶製作——於1904年
面世、為飛行先鋒艾拔圖‧桑托斯‧杜蒙
（Alberto Santos Dumont，1873-1932）設計
的首枚*Santos*腕錶。

*Santos 100*鏤空腕錶和*Santos-Dumont*碳鍍層
鏤空腕錶均搭載了兩個相似的機芯：9611 MC
型及9612 MC型機芯。9611 MC型機芯鍍上
銠金屬，而搭載於*Santos-Dumont*碳鍍層鏤空
腕錶的9612 MC型機芯則鍍上深灰色銠金屬，
並以黑鈦金屬錶冠襯托其鈦金屬ADLC碳鍍層
（類金剛石碳膜）磨砂錶殼。

從製作之初，機芯夾板和錶橋均設計成透雕或
鏤空部件，讓機芯的結構與別不同。事實上，
將機芯形容為鏤空並不恰當，因鏤空代表曾
改動過的傳統鐘錶機芯。要製作透雕或鏤空
腕錶，一般須於傳統腕錶機芯的夾板、錶橋或
其他合適部件上製作小洞，然後用鋸去掉多餘
的物料，之後將經鏤空過程產生的全新表面
進行打磨。視乎原來機芯的品質和透雕工藝的
水平，製成品的外觀可能精緻迷人，但有時卻
會影響腕錶的清晰讀時。此外，完工透雕腕錶

的設計特色最終亦取決於機芯的設計，縱然
機芯本身並非為鏤空腕錶而打造。

另一方面，9611 MC型和9612 MC型機芯
均為未經改動的傳統鐘錶機芯，而是從製作之
初便被設計成「鏤空」機芯，讓設計者能夠
編排機芯組件的佈局和設計，務求達至最佳的
效果。其中，機芯夾板不僅切割成羅馬數字
形狀，而機芯本身亦成為腕錶錶盤。此外，
固定於機芯夾板的部件在編排上亦非常特別，
例如相對平衡擺輪的兩個發條盒（可提供72
小時動力儲存）便組成了和諧悅目的結構。

為方便讀取羅馬數字時標，配有大型底板、
將部件固定於小型錶橋的傳統機芯結構，將
需稍作改動。上下機芯夾板幾乎完全相同，
但下夾板的中央的面積較大，以裝置運轉輪系
的樞軸；機芯部件則設於兩塊夾板之間，而
鏤空羅馬數字外緣內則是機芯的主要
組成結構。

以這種工藝製成的腕錶不僅有著極佳的透視
效果（這也是鑑賞家評鑑透雕時計的標準
之一），並較一般的鏤空腕錶更易於讀時。
此外，腕錶亦配有其他獨特設計和分配

的部件，務求機芯夾板和錶橋展現最佳的
美學效果，並配有較多的裝飾表面（機芯設計
不可或缺的工序）。這些表面全以高級製錶
修飾工藝打造，例如為精鋼部件刻上直紋；
為組成機芯夾板的數字時標兩側邊緣作倒角及
拋光；並將游絲的調節器製成呈卡地亞「C」
字造型的設計。

Santos-Dumont鏤空腕錶
Santos-Dumont腕錶

羅馬數字形鏤空錶橋指示小時和分鐘。
18K白金錶殼。

18K白金錶殼。
18K白金八角形錶冠，鑲嵌琢面藍寶石；
藍寶石水晶鏡面；機芯錶橋組成錶盤上
羅馬數字時刻。劍形藍鋼指針。藍寶石
錶背。尺寸：38.7 x 47.4毫米，厚度：
9.4毫米。黑色鱷魚皮錶帶，18K白金
摺疊錶扣，防水深度3巴（30米）。
卡地亞自製9611 MC型手動上鏈機械
機芯，獨立編號，含138個零件及20枚
紅寶石軸承。尺寸：28.6 x 28.6毫米，
厚度：3.97毫米，擺輪振頻：每小時
28,800次，動力儲存約72時。

W2020033

235

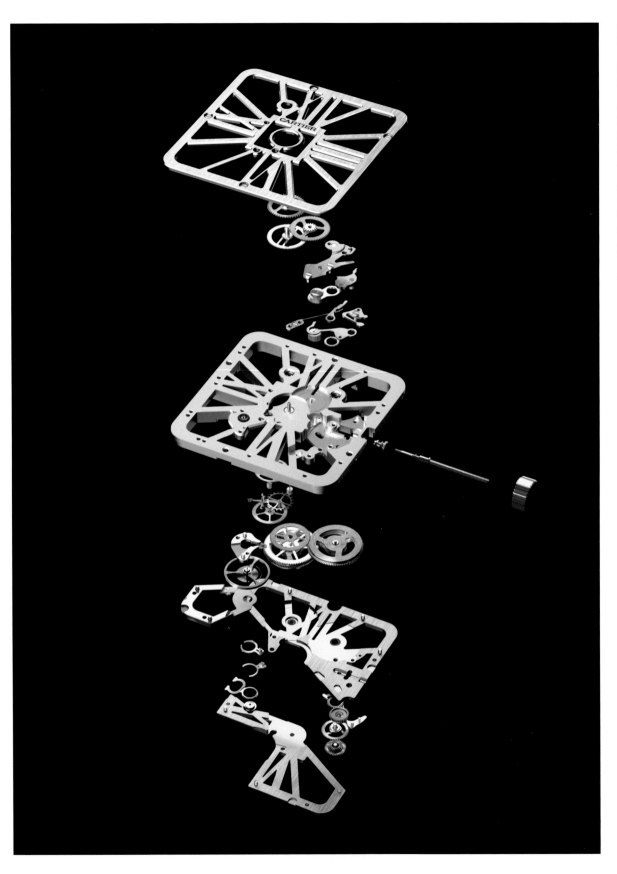

Santos 100鏤空腕錶
Santos 100腕錶

羅馬數字形鏤空錶橋指示小時和分鐘。
950/1000鈀金錶殼。

950/1000鈀金八角形錶冠，鑲嵌琢面
藍寶石；藍寶石水晶鏡面；機芯錶橋組成
錶盤上羅馬數字時刻。劍形藍鋼指針。
藍寶石錶背。尺寸：46.5 x 54.9毫米，
厚度：16.5毫米。黑色鱷魚皮錶帶，18K
白金錶扣，外層扣片為950/1000鈀金
材質，防水深度3巴（30米）。
卡地亞自製9611 MC型手動上鏈機械
機芯，獨立編號，含138個零件及20枚
紅寶石軸承。尺寸：28.6 x 28.6毫米，
厚度：3.97毫米，擺輪振頻：每小時
28,800次，動力儲存約72小時。

W2020018

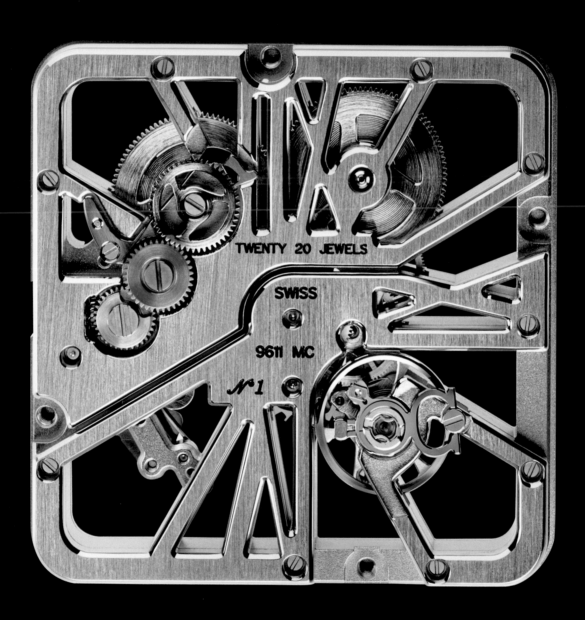

XII. *ROTONDE DE CARTIER*跳時腕錶：
9905 MC型機芯

其設計靈感源於1923年面世的經典卡地亞跳時懷錶，*Rotonde de Cartier*跳時腕錶是品牌的最新設計，再度見證卡地亞經十年來打造非凡典雅時計的悠久傳統。

機械數字時間顯示是卡地亞其中一項製錶設計傳統。卡地亞早於1929年便製作出這款結合跳時顯示和分鐘盤的腕錶，並創作了另一款同時裝配標準時鐘風格的中央分針和小秒盤的設計。

縱觀卡地亞的製錶歷史，品牌一直強調獨特設計與創新的時間顯示方式，並同時著重功能的完整性，以秉承品牌一貫的設計哲學。因此，在設計複雜功能時，腕錶基本功能的完整性絕不受到影響，務求能準確報時。一如其他複雜功能，跳時顯示的難題在於為小時顯示盤的跳時功能提供所需動力的同時，並需維持擒縱裝置所需的足夠扭矩，以確保精準報時。

跳時複雜功能一般由跳桿簧所固定的星形輪驅動。小時顯示盤設置於星形輪上，到下一個小時開始時，腕錶的運轉輪系會驅動星形輪運轉。當它開始轉動，星形輪角位的其中一端將會移至跳桿簧的尖端，跳桿簧遂跌至下一區，轉盤則會向前跳轉一小時。

雖然整個系統運作既簡單且可靠，但它卻有着一項缺點。當小時跳轉時，由於裝上小時盤的星形輪必需向前抗衡跳桿簧所產生的壓力，故需要從機芯擷取相當多的動力。這樣可導致平衡振頻驟降而影響腕錶的準確度。為解決上述難題，卡地亞便採用了配備兩個星形輪的系統。第一個星形輪設置於機芯中央，並裝有小時盤；而第二個則由運轉輪系所驅動，繼以推動第一個星形輪。由於首個星形輪依靠第二個星形輪來推進，因此小時盤的跳時推動力可分為兩個階段，有助提升能源效益。一般傳統跳時腕錶在小時跳轉時，振幅可降低50至60度，而*Rotonde de Cartier*跳時腕錶的小時盤跳時期間，其短振頻跌幅則僅會降低30度。
由此可見，這項複雜功能不單未有影響功能的完整性，更能夠展現出卡地亞對機械製作的熱情。

Rotonde de Cartier跳時腕錶
Rotonde de Cartier腕錶

跳時功能，分鐘指示由傳動盤帶動。
18K白金錶殼。

18K白金圓珠形錶冠，鑲嵌凸圓形藍寶石；
藍寶石水晶鏡面；深灰色電鍍雕紋錶盤。
藍寶石錶背。直徑：42毫米，厚度：
11.6毫米。黑色鱷魚皮錶帶，18K白金
摺疊錶扣，防水深度3巴（30米）。
卡地亞自製9905 MC型手動上鏈機械
機芯，獨立編號，含217個零件及22枚
紅寶石軸承。直徑：31.8毫米，厚度：
5.10毫米，擺輪振頻：每小時28,800次，
動力儲存約65小時。

W1553851

Rotonde de Cartier跳時腕錶
Rotonde de Cartier腕錶

跳時功能，分鐘指示由傳動盤帶動。
18K玫瑰金錶殼。

18K玫瑰金圓珠形錶冠，鑲嵌凸圓形
藍寶石；藍寶石水晶鏡面；深灰色電鍍
雕紋錶盤。藍寶石錶背。直徑：42毫米，
厚度：11.6毫米。棕色鱷魚皮錶帶，18K
玫瑰金摺疊錶扣，防水深度3巴（30米）。
卡地亞自製9905 MC型手動上鏈機械
機芯，獨立編號，含217個零件及22枚
紅寶石軸承。直徑：31.8毫米，厚度：
5.10毫米，擺輪振頻：每小時28,800次，
動力儲存約65小時。

W1553751

時間的未來：
*Cartier ID One*概念錶

傳統腕錶機芯有如一部機器，同樣會因潤滑油損耗而導致老化，並容易受到外在因素如撞擊、地心吸力、溫度變化及磁力所影響。

物理影響不單會對主要的機芯零件造成直接的破壞，更會影響腕錶的正常運作（即無法準確報時）。地心吸力會影響擒縱部件，當中以游絲為甚。縱然現代合金能有效抵擋較弱的磁場，但近數十年來不少消費品均加入體積小但力度強的永久磁鐵，故導致磁力的影響更為嚴重。此外，電腦及其他電子產品亦會產生磁場，長遠而言將有礙準確計時。

溫度變化亦會影響腕錶的準確度。游絲的彈性會因相應的溫度變化幅度而受到影響。雖然相較早期的普通精鋼游絲，現代游絲合金帶有更理想的溫度補償性能，然而溫度變化問題依然存在。

最後，現代腕錶亦在經久使用後，因潤滑油的黏性發生變化而受到影響，特別是擒縱部件。裝有槓桿擒縱系統的腕錶（基本上包括所有現代腕錶），將運轉輪系動力傳送至擒縱裝置的衝力表面必須塗上潤滑油。當潤滑油損耗後，擒縱裝置的動能亦會隨之改變，因而影響腕錶的速率。

因此，理想的腕錶應不受撞擊、溫度及磁力等外在因素所影響，並且無需於主要的衝力表面塗上潤滑油（並應盡力避免為整個裝置上油的工序）。這樣，腕錶在運作期間便無需再作調節，這可謂運作製錶技術發展的一大目標。如果

卡地亞首枚「概念錶*」是製錶廠研發部
高度原創技術研究的豐碩成果。

這枚開創先河的「概念錶*」堪為集創意
與專業工藝於一身的傑作，引領鐘錶機芯
製造邁進嶄新紀元。

可以的話，此腕錶亦應裝配極為精準的生產部件，在組裝初期無需校準或調節，因為用以製造腕錶的材質及方法本身已能確保腕錶的準確度。

卡地亞於2009年呈獻一枚機械腕錶，為確保頻率長期的穩定性提出實際的解決方法，這意味著無須調節的腕錶夢想終可成真。此款名為 *Cartier ID One* 的概念錶，融合了多項材質與創新設計。

其中一款名為「碳晶」的材質，用於製造眾多擒縱裝置和運轉輪系的部件，特別是運轉輪、平衡擺輪、擒縱輪及槓桿。這些組件經「化學氣相沉積技術」（CVD）處理後，其晶體結構便會與鑽石相同，而組件亦塗覆耐磨性極佳的納米結晶化合物。碳晶不受磁力影響，而運轉輪系的所有摩擦點均以碳晶製成或塗覆碳鍍層，因此無需使用潤滑油。由於棘爪叉和擒縱輪均以碳晶製成，故此主要的衝力表面均無需用上潤滑油，從而解決了因潤滑油黏性改變而導致頻率不穩定的問題。

另一種創新物質便是用於打造錶殼的特製鈮鈦合金。鈮鈦合金非常耐磨，不單質地堅硬，在擦刮時亦只會產生滑動效果，而非「挖刨」效果，從而減少物料的替換。由於外露金屬幾乎瞬間氧化成原來表面的顏色，故此所有刮痕均不著痕跡。鈮鈦合金亦可吸收機械衝擊的能量，而不會將之傳送至機芯。*Cartier ID One* 已證實可抵擋高達4500克的力量，遠高於腕錶「抗震功能」所規定的3000克。

最後，*Cartier ID One* 的游絲是由一種名為 Zerodur®[1] 的玻璃陶瓷混合物製作而成。Zerodur® 原本用於製造天文望遠鏡的鏡頭；在熱應力下，其高穩定性有助天文望遠鏡製作出清晰的照片。由於 Zerodur® 為玻璃陶瓷混合物，故不受磁力影響，是製作游絲的理想物料。以 Zerodur® 製作游絲是一項非常艱巨的技術挑戰，因其較高的直壁和形狀複雜的發條讓它必須採用較新的製作技術——深反應離子蝕刻（DRIE）。這項技術可製作出高且光滑的直壁微型結構（此製作技術源於微機電系統（MEMS））。因此，Zerodur® 游絲將不受溫度或磁場變化影響，其末端曲線的特別形狀亦有助降低因地心吸力所導致的變異率。

*Cartier ID One*的部件採用了極致精確的製作技術，從腕錶組裝到及後的操作，均無須再作調節。

為進一步加強其抗震力，*Cartier ID One*的擒縱部件均鑲嵌於兩個碳晶錶橋之間，並由安裝於彈性靜音塊的鈦金屬柱固定。

*Cartier ID One*帶來一系列解決最基本製錶難題的新方法。這項設計既不受磁力影響，並同時擁有超卓的抗震功能，免卻潤滑油耗損所導致頻率不穩的問題，更可長時間維持準確計時，為精密製錶技術奠下嶄新標準。憑藉*Cartier ID One*，品牌最終實現多個世紀以來製作出免調試腕錶的夢想。同時，卡地亞亦將矚目的美學設計與卓越性能融為一體，展現品牌致力帶領腕錶藝術及科學發展的決心。

[1] Zerodur® 為註冊商標，並不屬卡地亞所有。

時間藝術

吉岡德仁

在時間領域，卡地亞對美的追求永無止境。卡地亞為時間傾注完美和諧和精湛工藝，將其幻化成一門藝術。

時間
時間，猶如光、風、氣味和空氣，我們看不穿更是捉不到，但其動人節奏卻每天伴隨我們的生活。

身處現今的物質世界，時間仍有其價值。
當中最珍貴的是經驗。
經驗隨時間而豐富，亦是我們成長的基礎。
每段回憶都在心中埋下種子，隨歲月長河而行。

鐘錶文化應運而生。
歷史長河中，鐘錶的誕生可謂革命性的突破。隨著技術和設計的發展，鐘錶不僅是計時的工具，更是美學價值的體現。
腕錶彰顯個人特色。我們對時間的感知隨佩戴的腕錶而轉變。日復一日，這個置於手腕上的小宇宙迸發出夢幻多彩的世界。

在這個機械主導的年代，只有精湛的工藝，方能為鐘錶注入優雅非凡的藝術元素。
克服困難，實現可能：工匠的嫻熟技藝為我們的夢想帶來靈感和目標。
實現夢想荊棘滿途，卻是充實美滿。

日本設計師吉岡德仁策劃的展覽

卡地亞工匠打造的奇跡。
機芯的跳動為鐘錶注入生命力。

引人入勝的美態。
生命的旋律由心而奏。鐘錶之內強而有力的跳動節拍，激發無窮靈感。
卡地亞的創新理念、悠久歷史，以及不斷尋求突破的精神，瞬間得以昇華。

經典時計：探索精神和無窮創意的結晶。

為矢志征服藍天的飛行員桑托斯・杜蒙（Santos-Dumont）創作的*Santos Dumont*腕錶。
此腕錶燃起了年輕飛行員沖上雲霄的決心，更激勵今天的
我們朝著理想進發。
輪廓流麗的*Tonneau*腕錶。佩戴於手腕上呈現的曲線，使人聯想起
工匠的巧手。

*Tank*腕錶完美展現出對未來的冀盼和渴望和平的心願。
它反映著我們的心聲，引發共鳴。

美輪美奐的神秘鐘。不僅是顯示時間的裝置，更是賞心悅目的藝術傑作。
年輕鐘錶匠的創作熱誠，猶如燈塔般閃耀奪目。

此經典時計的指針依舊無聲地擺動，而當中的奧秘早已流傳至今天的
製錶傑作中。

肌膚感受著鏤空機芯的跳動。

正如植物在自然法則下和諧生長，我們深諳鐘錶亦是誕生於必然。

卡地亞繼續致力創建美好未來。
先進的科技賦予卡地亞*Cartier ID One*概念腕錶永恆的生命力。彷若在教堂
思忖壁畫一樣，讓你由心而發感受那磅礡和永恆。

源遠流長的歷史，前衛創見的未來。
卡地亞別具一格的美學，源於這兩大極端的融和。
展區內將播放講述鐘錶構造的3D影片，定能令參觀者留下深刻印象。
希望此次展覽能讓大家體驗到卡地亞的生命力。

日本設計師吉岡德仁策劃的展覽

年表

1847年
28歲的路易・弗朗索瓦・卡地亞（Louis François Cartier）接管其學藝師父阿道夫・皮卡爾（Adolphe Picard）位於巴黎蒙道格爾街29號的珠寶工坊。卡地亞正式誕生。

1853年
卡地亞開始於Neuve-des-Petits-Champs 5號的店內向零售顧客直接銷售。鉑金款式精品首見於品牌記錄。品牌亦從那時起發售女裝項鏈、胸針及腰鏈鐘錶。

1871至1873年
卡地亞在巴黎公社（Commune de Paris）起義事件爆發後，暫時遷往倫敦。品牌開始生產戒指錶。

1888年
卡地亞推出三款鑲嵌珠寶並搭配金錶鏈的腕錶，正式開始腕錶生產。

1899年
卡地亞遷往和平大街13號。向美國金融家約翰・皮爾龐特・摩根（John Pierpont Morgan）出售了一枚鑲嵌鑽石的鉑金腕錶。

1904年
路易・卡地亞為巴西飛行員好友艾拔圖・桑托斯・杜蒙（Alberto Santos Dumont）製造了一枚搭配皮帶的腕錶。

1906年
首枚酒桶形（*Tonneau*）腕錶面世，備有黃金及鉑金款式。卡地亞開始製作一款鑲嵌凸圓形寶石上鏈錶冠的腕錶，及後更成為卡地亞腕錶的特色。

卡地亞推出首枚圓形腕錶，其中錶耳銷栓的兩端及上鏈錶冠均飾以凸圓形寶石。

1907至1908年
首枚可延展的手鐲錶面世。卡地亞於聖彼得堡的Hotel d'Europe首度舉辦銷售展覽會。會上展出多件珍品，包括三十五枚鐘錶，部分由尤索波夫王子（Prince Yusupov）購入。

1908年
推出方形鉑金吊墜錶，引入方形鐘錶設計。

1910年
於1909年提交的摺疊扣專利申請獲得批核。首枚男裝方形腕錶面世。

1911年
推出*Santos*腕錶。Maurice Coüet成為卡地亞時鐘的獨家供應商。

1912年
創作*Tortue*腕錶。第一款「彗星」時鐘面世。卡地亞首座「款式A」神秘鐘上市。橢圓形鐘錶首度登場。

1913年
一款配中央錶耳及波紋絲綢錶帶的腕錶面世。

1914年
推出首枚配「美洲豹皮」裝飾、縞瑪瑙及鋪鑲鑽石的女裝圓形腕錶，品牌經典的「美洲豹」圖案由此誕生。

1917年
首創*Tank*腕錶的多款設計。

1919年
*Tank*腕錶上市。

1920年
推出搭配阿拉伯和波斯裝飾圖案的座鐘，以及首座中軸神秘鐘。

1921年
創作出*Tank Cintrée*腕錶。

1922年
Tank Allongée、*Tank Chinoise*及*Tank LC* 腕錶（為路易‧卡地亞而設）面世。

1922至1931年
卡地亞創作一系列共十二款、飾以人物或動物圖案的珍貴神秘鐘；其中四座納入卡地亞典藏系列。

1923年
首枚搭配子彈形（*obus*）錶耳的腕錶面世。

1923至1925年
卡地亞創作一系列共六款的「廟門」（Portique）神秘鐘。

1925年
卡地亞與一眾主要時裝設計師參加於巴黎Pavillon de l'Élégance舉行的著名裝飾藝術展（國際現代工業與裝飾藝術展），當中展出多達十五款卡地亞時計。
首款鑲嵌多種寶石的*Tutti Frutti*手鏈面世。推出一枚鑲嵌136克拉雕刻祖母綠的項鏈錶。

1926年
卡地亞為一枚可旋轉雙面（其中一面為水晶）腕錶申請專利。

1927年
為高爾夫球手設計一款搭配長方形錶蓋的金錶，錶蓋內藏有記分卡及小鉛筆。設計出「圓柱形」地心引力時鐘。

1927至1930年
研製出三款搭載了由磁力驅動機芯的時鐘。

1928年
推出*Tank à guichets*腕錶、*Tortue*單鈕計時碼錶，以及一枚配有打火機的腕錶。

1929年
體積細小的*Jaeger101*機芯面世。

1931年
卡地亞製作首枚防水腕錶：「*Tank Étanche*」。配備八日動力儲存機芯的*Tank*腕錶面世，608型繼而推出。

1932年
研發出名為「*Tank Basculante*」的雙面腕錶。

1933年
卡地亞為錶帶中央配件申請專利，及後定名為「Vendôme」。品牌亦為袖扣鐘錶裝置申請專利。佩戴於手腕側邊的長方弧形金質手鏈腕錶繼而面世。

1934年
路易‧卡地亞於布達佩斯提交電子錶的專利申請。

1935年
首創彈性「煤氣管」（*tuyau à gaz*）金錶鏈。

1936年
設計首枚菱形腕錶，後定名為「*Tank Asymétrique*」。

1938年
餽贈一枚全球最細小、搭配*Jaeger101*機芯並鐫刻卡地亞標誌的腕錶予英國伊莉莎伯公主。

1943年
創作配備保護格柵的防水圓形腕錶，其後的*Pasha*系列亦從中汲取靈感，並推出「渦輪」（Turbine）懷錶。

1946年
創作船舵形（*Gouvernail*）腕錶。

1956年
研發出橢圓弧形腕錶，及後定名為「*Baignoire*」。

1967至1973年
*Crash*腕錶於1967年面世。為迎合「搖擺倫敦」時期（Swinging London）的朝氣與活力，卡地亞更呈獻不同型號的設計，包括「*Maxi Oval*」腕錶、搭配菱形錶盤的「*Pebble*」腕錶，以及多款備有雙錶帶的腕錶。

1973年
推出享譽全球的*Must de Cartier*系列。路易‧卡地亞系列面世，展示多枚搭載機械機芯的金質腕錶。卡地亞於拍賣會上投得一座1923年「廟門」（Portique）神秘鐘，並納入卡地亞典藏系列。

1977年
首個帶有「*Must de Cartier*」字樣的*Tank*鍍銀腕錶系列面世。

1978年
搭配金質與精鋼錶鏈的*Santos de Cartier*腕錶面世。

1983年
見證品牌歷史和藝術工藝發展的卡地亞典藏系列正式成立。創作出*Panthère de Cartier*腕錶。

1985年
研製出*Pasha de Cartier*腕錶。

1989年
推出*Tank Américaine*腕錶。

1996年
*Tank Française*腕錶面世。

1997年
為慶祝150週年紀念，卡地亞以其最著名的設計為基礎，製作出一系列的限量版腕錶。

1999年
創立巴黎卡地亞私人典藏系列（Cartier Paris Private Collection），精選一系列搭載自製機芯的珍貴鐘錶，部分更配備複雜功能裝置。典藏中包羅*Tank*、*Tortue*及*Tonneau*等多個卡地亞經典設計款式。

2001年
位於拉夏德芳的卡地亞製錶廠揭幕。推出*Roadster*腕錶。

2004年
創作*Santos 100*、*Santos-Dumont*及*Santos Demoiselle*腕錶，以慶祝*Santos de Cartier*系列100週年紀念。

2006年
推出*La Doña de Cartier*腕錶。

2007年

製作出*Ballon Bleu de Cartier*腕錶。

2008年

推出卡地亞高級製錶系列，當中包括*Ballon Bleu de Cartier*陀飛輪腕錶，此腕錶搭載了首枚獲日內瓦優質印記的機芯（9452 MC型機芯）。

2009年

製作出*Santos 100*鏤空鈀金腕錶。

2010年

*Astrotourbillon*天體運轉式陀飛輪機芯及*Calibre de Cartier*腕錶面世。

2011年

推出*Astrorégulateur*天體恒定重心裝置機芯。

參考文獻

1. Cartier

GAUTIER, Gilberte
Rue de la Paix. Julliard, 巴黎 1980

NADELHOFFER, Hans
Cartier. Éditions du Regard, 巴黎 1984
Cartier, Jewelers Extraordinary. Thames & Hudson, 倫敦 1984
Cartier, Jewelers Extraordinary. Harry N. Abrams, Inc Publishers, 紐約 1984
Cartier. Longanesi, 米蘭 1984
Cartier. Bijutsu Shuppan Sha Co, Ltd., 東京 1984
Cartier – Juwelier der Könige, Könige der Juweliere. Schuler Verlagsgesellschaft, Herrsching am Ammersee 德國 1984

GAUTIER, Gilberte
La Saga des Cartier 1847-1988. Michel Lafon, 巴黎1988 (*Rue de la Paix*的更新版)
Cartier the Legend. Arlington Books Ltd, 倫敦 1988
La Saga dei Cartier. Sperling & Kupfer Editori, 米蘭 1988

BARRACA, Jader, NEGRETTI, Giampiero, NENCINI, Franco
Le Temps de Cartier. Wrist International S.r.l, 巴黎 1989
Le Temps de Cartier. 第一版, Wrist International S.r.l., 米蘭 1989

COLOGNI, Franco, MOCCHETTI, Ettore
L'Objet Cartier : 150 ans de tradition et d'innovation. La Bibliothèque des Arts, 巴黎, 洛桑1992
L'oggetto Cartier: 150 anni di tradizione e innovazione. Giorgio Mondadori, 米蘭 1993
Made by Cartier: 150 Years of Tradition and Innovation. Abbeville Press, 紐約 1993
Creador por Cartier: 150 años de tradición y inovación. Giorgio Mondadori, 米蘭 1993

BARRACA, Jader, NEGRETTI, Giampiero, NENCINI, Franco
Le Temps de Cartier. Publi Prom, 米蘭 1993 (第二版)
Le Temps de Cartier. Wrist International S.r.l., 米蘭 1993 (英語版)

COLOGNI, Franco, NUSSBAUM, Eric
Cartier. Le joaillier du platine.La Bibliothèque des Arts, 巴黎, 洛桑 1995
Platinum by Cartier. The Triumphs of the Jewelers' Art. Harry N. Abrams, Inc., Publishers, 紐約 1995
Cartier. Meisterwerke aus Platin. Bruckman Verlag, Herrsching am Ammersee 1995
Cartier. L'arte del platino. Editoriale Giorgio Mondadori, 米蘭 1995
Cartier. Le joaillier du platine. Edicom, 東京 1995

TRETIACK, Philippe
Cartier. Éditions Assouline, coll. La mémoire des marques, 巴黎 1996
Cartier. Thames & Hudson, 倫敦 1996
Cartier. Universe Publishing / The Vendome Press, 紐約 1997
Cartier. Schirmer / Mosel, 慕尼黑 1997
Cartier. Korinsha Press, 京都 1997

COLOGNI, Franco
Cartier. La montre Tank. Flammarion, 巴黎 1998
Cartier. The Tank watch. Flammarion, 巴黎 1998
Cartier. Die Tank Uhr. Flammarion, 巴黎 1998
Cartier. L'Orologio Tank. Flammarion, 巴黎 1998
Cartier. El Reloj Tank. Flammarion, 巴黎 1998
Cartier. La montre Tank. Flammarion, 巴黎 1998
(日語及中文版)

CHAILLE, François
Cartier : Styles et stylos. Flammarion, 巴黎 2000
Creative Writing. Flammarion, 巴黎 2000
Le Penne di Cartier. Flammarion, 巴黎 2000

CLAIS, Anne-Marie
Les Must de Cartier. Éditions Assouline, 巴黎 2002
Les Must de Cartier. Éditions Assouline, 巴黎 2002
(英語、義大利語及日語版)

ALVAREZ, José
Cartier l'Album. Éditions du Regard, 巴黎 2003

COLOGNI, Franco, NUSSBAUM, Eric,
CHAILLE, François
La Collection Cartier. Tome 1. La Joaillerie,
The Cartier Collection. Tome 1. Jewelry. Flammarion,
巴黎 2004

COLOGNI, Franco, CHAILLE, François
La Collection Cartier. Tome 2. L'Horlogerie
The Cartier Collection. Tome 2. Timepieces.
Flammarion, 巴黎 2006

NADELHOFFER, Hans
Cartier. Éditions du Regard, 巴黎 2007 (法語版)
Cartier. Thames & Hudson, 倫敦 2007 (英語版)
Cartier. Chronicle Books, 紐約 2007 (美國版)
Cartier. Federico Motta Editore, 米蘭 2007 (義大利語版)

COLENO, Nadine
Étourdissant Cartier, la création depuis 1937. Éditions
du Regard, 巴黎 2008 (法語版)
Amazing Cartier, creations since 1937. Flammarion,
巴黎 2008 (英語版)

WEBER, Bruce
*Cartier I love you.*由Ingrid Saschy撰寫, teNeues,
Kempen 2009 (英語版)
La Haute Joaillerie par Cartier / High Jewelry by
Cartier. Flammarion, 巴黎 2009 (法語及英語版)
Haute Joaillerie et objets précieux par Cartier / High
Jewelry and Precious Objects by Cartier. Flammarion,
巴黎 2010 (法語及英語版)

2. 卡地亞典藏展覽目錄

NADELHOFFER, Hans
Retrospective Louis Cartier : One Hundred and One
Years of the Jeweler's Art. Cartier Inc., 紐約 1976
Retrospective Louis Cartier : One Hundred and One
Years of the Jeweler's Art. (County Museum, 洛杉磯),
Cartier Inc., 洛杉磯 1982

BUROLLET, Thérèse, CHAZAL, Yves,
PIVER-SOYEZ, Sylvie-Jan
L'Art de Cartier. Musée du Petit Palais, 巴黎;
Accademia Valentino, 羅馬. Paris-Musées, 巴黎 1989
L'arte di Cartier. Muse, Bologna 1989 (義大利語版)
The Art of Cartier. Paris-Musées, 巴黎 1989 (英語版)

CHAZAL, Yves, SOUSLOV, V.
L'Art de Cartier. State Ermitage Museum 聖彼德堡,
Les Éditions du Mécène, 巴黎1992

PERRIN, Alain Dominique, NUSSBAUM, Eric,
CHAZAL, Martine, UNNO, Hiroshi,
TAKANAMI, Machiko
L'Art de Cartier. Metropolitan Teien Art Museum, 東京,
Nihon Keizai Shimbun, Inc., 東京 1995 (英-日版)

DAULTE, François, NUSSBAUM, Eric
Cartier, Splendeurs de la joaillerie. Fondation de
l'Hermitage, Bibliothèque des Arts, 洛桑 1996

RUDOE, Judy
Cartier 1900-1939. The Metropolitan Museum of Art –
紐約, British Museum – 倫敦 1997; 及於 Field
Museum – 芝加哥 1999-2000; The British Museum
Press, 倫敦 1997; N. Abrams Inc.Publishers, The
Metropolitan Museum of Art, 紐約 1997

TOVAL, Rafael, ESTRADA, Geraldo,
NUSSBAUM, Eric, MONSIVAIS, Carlos,
ARTEAGA, Agustin, ALFARO, Alfonso
El Arte de Cartier - Resplandor del Tiempo. Instituto
Nacional de Bellas Artes, 墨西哥城. Americo Arte
Editores, 墨西哥 1999

COLOGNI, Franco, SOTTSASS, Ettore,
JOUSSET, Marie-Laure, NUSSBAUM, Eric,
KRIES, Mateo, VON VEGESACK, Alexander,
JAIS, Betty, KARACHI, Jacqueline
Cartier Design – Eine Inszenierung von Ettore Sottsass.
Vitra Design Museum 柏林. Skira, 米蘭 2002
Il design Cartier visto da Ettore Sottsass. Palazzo Reale,
米蘭, Skira, 米蘭 2002
Cartier Design Viewed by Ettore Sottsass. 京都, 休斯敦
2004, Skira, 米蘭 2004

VON HABSBURG, Geza
Fabergé-Cartier. Rivalen am Zarenhof. Kunsthalle der
Hypo-Kulturstiftung, 慕尼黑. Hirmer Verlag, 慕尼黑
2003

COLOGNI, Franco, FORNAS, Bernard, XING Xiaozhou,
CHEN, Xiejun, BAO, Yanli
The Art of Cartier. Shanghai Museum. The Shanghai
Museum, 上海 2004

FORNAS, Bernard, LEE Chor Lin
The Art of Cartier. National Museum of Singapore.
The National Museum of Singapore, 新加坡 2006

FORNAS, Bernard, VILAR, Emilio Rui, CASTEL-
BRANCO PEREIRA, João, VASSALO E SILVA, Nuno,
PASSOS LEITE, Maria Fernanda, RAINERO, Pierre,
RUDOE, Judy, REMY, Côme, COUDERT, Thierry
Cartier, 1899-1949. The journey of a style. Calouste
Gulbenkian Foundation 里斯本, Skira, 米蘭 2007
Cartier, 1899-1949. Le parcours d'un style. Skira,
米蘭 2007
Cartier, 1899-1949. O percurso de um estilo. Skira,
米蘭 2007
Cartier, 1899-1949. El recorrido por un estilo. Skira,
米蘭 2007

FORNAS, Bernard, GAGARINA, Elena,
ALIAGA, Michel, CHAILLE, François,
MARIN, Sophie, MILHAUD, Pascale,
PESHEKHONOVA, Larissa, RAINERO, Pierre
Cartier, innovation through the 20th century.
Moscow Kremlin Museums, Flammarion, 巴黎 2007
(英語及俄語版)

FORNAS, Bernard, KIM, Youn Soo, LIU, Jienne,
RAINERO, Pierre, MILHAUD, Pascale
The Art of Cartier. National Museum of Art,
Deoksugung Seoul, National Museum of Contemporary
Art, 首爾 2008 (英語及韓語版)

NIKKEI & TNM, FAURE, Philippe,
FORNAS, Bernard, TOKUJIN, Yoshioka,
RAINERO, Pierre, LAURENT, Mathilde, MAEDA, Mari
Story of... Memories of Cartier creations. Tokyo National
Museum. Nikkei Inc., 東京2009 (英語及日語版)

FORNAS, Bernard, ZHENG, Xin Miao, SONG,
Haiyang, RAINERO, Pierre
Cartier Treasures. King of Jewellers, Jewellers to Kings.
Palace Museum, Beijing. The Forbidden City Publishing
House, 北京 2009 (英語及中文版)

FORNAS, Bernard, BUCHANAN, John E. Jr,
CHAPMAN, Martin
Cartier and America. Fine Arts Museums, San
Francisco. Fine Arts Museums San Francisco,
DelMonico Books, 紐約 2009 (英語版)

KLAUSOVÀ, Livia, FORNAS, Bernard,
EISLER, Eva, LEPEU, Pascale
Cartier at Prague Castle – the Power of Style. Riding
School of the Prague Castle. Flammarion, 巴黎 2010
(英語版及捷克語版)

3. 非商業出版物

Cartier New York, Éditions Assouline, 巴黎 2001

Cartier London, Éditions Assouline, 巴黎 2002

Cartier et la Russie, Éditions Assouline, 巴黎 2003

Cartier 13 rue de la Paix, Éditions Assouline,
巴黎 2005

封面
9452 MC型機芯符合日內瓦優質印記制定的
十二項標準。
這對鐘錶的來源地、設計規範和其機芯的
優秀生產品質作出保證。

設計
Marcello Francone

編輯統籌
Emma Cavazzini
Vincenza Russo

校訂
白樺，Scriptum公司，羅馬

版面
Alessandra Gallo 及 Mario Curti，
Scriptum公司，羅馬

翻譯
Datawords多語翻譯數位製作公司，
法國聖圖安

2011 年意大利首次出版
Skira Editore 股份有限公司
Palazzo Casati Stampa
via Torino 61
20123 Milano
Italy
www.skira.net

Copyright © 2011 Cartier
此版本由 Skira editore 出版

Cartier: 978-88-572-1191-6
Skira: 978-88-572-1051-3

Thames and Hudson Ltd.,發行
181a High Holborn,
London WC1V 7QX,
United Kingdom.